Autres ouvrages sur Jean-Claude Meynard

Meynard, Fractal,
Entretiens avec Henri-François Debailleux,
Éditions Fragments, 2004

Babel, la géométrie des énigmes,
Texte de Robert Bonaccorsi,
Fragments International, 2010

Jean-Claude Meynard
avec la collaboration d'Élisabeth Préault

L'Animal fractal que je suis

L'homme et la complexité du réel

Connaissances et Savoirs

Cet ouvrage a été réalisé par les éditions
Connaissances et Savoirs
175, boulevard Anatole France – 93200 Saint-Denis
Tél. : 01 84 74 10 10 – Fax : 01 41 684 594
contact@connaissances-savoirs.com
www.connaissances-savoirs.com

Imprimé en France

Dépôt légal.

Plus on découvre un corps,
Plus on habille sa géographie

Préface

Je travaille depuis plus de trente-cinq ans sur la complexité du réel et la place de l'homme au sein de cette complexité. Que mettre en exergue dans cette recherche ?

Un questionnement, toujours le même : c'est quoi le réel ? Ce que l'on voit ? Ce que l'on ne voit pas ? Ce qui se transforme ? Ce qui apparaît ? Disparaît ? Naît ? Mute ? Y a-t-il une loi du réel ? Des paramètres repérables, stables ? Des figurations possibles ? Figurer quelque chose, c'est l'arrêter. Tandis que je pose ces questions, le réel a déjà changé de forme, alors quelle forme est juste ? Quelle forme est vraie ? Où s'arrêter ? Et l'homme, lui aussi, instable, comment se situe-t-il dans ces mouvances du réel ?

Je pense fondamentalement que tout commence par le dessin, le dessin comme signe, comme écriture, une écriture pour raconter une histoire, une histoire sous forme d'énigmes, d'équations pour donner des repères, des repères dans l'espace, des repères dans le temps.

Laisser des traces, quel que soit le support, pour signifier un passage, une présence, une réalité passée, présente ou future, le dessin est clé des songes et passeport pour l'inconnu – cet inconnu qui attire, vertige où le réel et le virtuel sont intimement liés.

Plus on affine, plus on précise une cartographie, plus le dessin se couvre de traits, de lignes, plus il se densifie de détails. Il révèle ce que l'on tentait de figurer en le rendant plus visible, plus lisible, mais simultanément sa richesse de détails incite le spectateur à voir toujours plus loin à la recherche de formes, de formes perdues comme des repentirs, ou des formes à venir, des formes fictionnelles en des territoires non encore explorés.

Tout dessin, même le plus abouti, reste l'esquisse d'un dessin, dessin dans un dessin, impression du réel, unique dans une composition dont la trame peut toujours se complexifier à l'infini.

Entre le vide et le plein d'informations, le dessin par son infinie liberté d'écriture me semble être le fil d'Ariane et l'outil incontournable pour rendre compte du réel. Au fil des années le réel m'est apparu comme une arborescence sans fin, une histoire sans fin ou plutôt un continuum d'histoires dans une histoire sans fin.

Complexité : les repères historiques

On peut dire que mon parcours commence dans les années 1973-1974 à vingt-deux ans, quand j'aborde la complexité du réel par sa figuration la plus extrême, la plus exhaustive : l'hyperréalisme. Mes toiles représentent alors des scènes emblématiques de la société de ces années-là, des cinémas de quartier, des bars, des kiosques à journaux, des flippers, mais ces toiles ne sont pas des constats photographiques, elles sont un travail pictural consistant à représenter le réel avec une surabondance d'éléments visuels telle que notre perception s'en trouve à la fois comblée et surprise.

En fait, ces œuvres ne reproduisent pas la réalité mais elles organisent « un effet de réalité ».

Pour obtenir cet effet de réalité, quittant le monde euclidien, j'ai peint des toiles dont la composition était dépourvue de hiérarchie et de centre focal. J'ai figuré les détails les plus infimes au même niveau de réalité, donnant la même focale au « près » comme au « loin » pour que le spectateur puisse saisir au même instant, d'un même regard, l'ensemble et le détail, le macro et le micro, le premier et le dernier plan : une vision parfaite, un hyperœil pour une hyperréalité.

À l'époque, l'hyperréalisme américain (Richard Estes, Ralph Going…) mettait en images, à la façon des encarts publicitaires, les éléments de la modernité, les *ready-mades* du modernisme. *A contrario*, ou en décalage, mon projet était de montrer le monde comme un spectacle où l'objet, superstar, était désormais célébré au même titre, sinon plus, que l'humain. Mes peintures représentaient une société dans laquelle l'image, le « show », supplantait toutes les autres réalités pour devenir l'unique accès au réel.

L'œuvre majeure de cette série est la toile *Hyper-Street* (1) qui représente, sur 7 mètres de long, une rue de Paris. Les gens ont identifié cette rue comme la rue Caulaincourt (Paris 18e) à cause de l'entrée du métro encadrée par des marches, alors que la rue que j'ai peinte est non seulement inventée mais absolument irréelle dans la mesure où je l'ai peinte avec une double perspective – mais le détail de la bouche de métro suffira à caractériser l'ensemble, à l'authentifier, et à rendre cette rue *Hyper-Street* vraie.

À travers cette rue, réelle ou irréelle, je proposais en « réalité » une vision de la société de consommation, avec tous ses emblèmes, ses biens, ses médias, ses moyens de communication et ses moyens de transport dans tous les sens du terme : ses objets de désir, surmultipliés et ostentatoires. La vision d'une société toute en image et spectacle – où l'homme devient image lui aussi, ni plus vivant ni plus réel que toutes les autres pièces du puzzle avec lesquelles il partage le même degré d'existence.

C'est désormais ce « degré » d'existence de l'homme que ma peinture va questionner. Un questionnement ontologique : l'hyperréalisme renvoyait l'homme à sa surface, mes peintures suivantes brouilleront l'image…

Trois séries picturales suivent mon époque hyperréaliste : « Schizophrénie », « Série noire » et « Le Jeu ». Dans ces trois séries, la facture de mes toiles, sans rien perdre de leur volonté de figuration, se brouille, se floute, se diffracte avec des effets de cadrage et de composition proches de ceux du cinéma… Après la netteté de l'hyperréalisme il s'agissait pour moi, picturalement, de traverser la fixité des apparences, de jouer avec l'image, d'introduire dans mes toiles du mouvement comme le mouvement d'une caméra, de faire en sorte que la réalité puisse être vue, non plus comme une présence univoque mais comme un fantasme possible, et l'identité de l'homme comme une énigme…

C'est ainsi que j'ai posé ma problématique picturale : dans la complexité du monde, comment représenter l'homme et surtout l'homme est-il encore figurable ? Est-il encore présent ? Visible ?

À partir des années quatre-vingt, avec la série « Corps et graphiques », je me suis dégagé de toute narration, de tout arrière-plan, en quelque sorte, j'ai quitté le récit, l'histoire, pour ne garder que l'interrogation sur la figure centrale : l'homme.

Mon dessin devint alors un simple tracé de lumière à l'image des dessins lumineux de Picasso. J'ai travaillé sur les contours de la silhouette humaine pour faire surgir cette silhouette comme une luminescence, une nouvelle géométrie dans l'espace.

Puis, dans les séries « La Danse » et « Héros-Dynamisme », les corps humains envahirent totalement la scène picturale et l'irradièrent – la lumière seule créant l'individualité de la forme, les corps devinrent alors des impressions lumineuses, des persistances rétiniennes…

De la disparition de la silhouette humaine…

La grande série du « Radeau des muses » (1985-1989) qui comporte une trentaine de toiles, dont la toile majeure du *Radeau* (300 cm x 200 cm), est un travail pictural à multiples entrées. C'est, à la fois, un hommage à Géricault et à la grande peinture, une vision et réflexion picturale sur la survie, ou non, du sujet en peinture, vision qui fait écho à la survie, ou non, de l'homme dans la complexité du monde.

Les toiles qui composent « Le Radeau des muses » sont peintes dans un déferlement de touches multicolores qui font vibrer jusqu'au vertige – entre ombre et lumière, apparition et disparition – la multitude des corps embarqués sur ce radeau : celui de l'Art…

Le travail est très particulier : le dessin, les contours, les lignes brisées ou plutôt les lignes en pointillé ne définissent plus une surface hermétique, séparée de son environnement. Il se crée une sorte de percolation entre l'intérieur et l'extérieur du dessin. Les figures, les corps des femmes, prises entre mouvement et matière, se fondent et confondent.

Nicolas Bourriaud décèlera dans cette série à la fois un hommage et un adieu à la « grande peinture », la conclusion d'un cycle.

« Cette tentative désespérée de reconstituer le corps héroïque de la peinture est centrale chez Meynard qui méthodiquement, froidement même, travaille à recréer les conditions propices à sa venue. Si Meynard fascine c'est que son œuvre est le brasier glacial où crépite l'éloquence de la peinture. » (2)

Giovanni Lista, quant à lui, analysera la composition en « S » sur laquelle sont fondées la plupart des toiles de cette série.

« Dans la série du "Radeau des muses", Meynard introduit un schéma de composition en "S" en construisant ses représentations sur une double spirale, c'est-à-dire sur le signe hautement symbolique de la vie et de la mort. L'évolution continue de l'être comme mouvement de croissance et de perte, d'élévation et de chute. » (3)

Cette spirale, ce « S », ce signe de vie et de mort qui enroule les silhouettes des Muses ou que les silhouettes enroulent, je l'ai reconfigurée dans la série suivante : « Corps et âmes ».

Dans cette série, la spirale se mute en tourbillon qui emporte les formes humaines, les contours, les limites, et dans ce maelström surgit la fragilité de l'identité humaine jusqu'à son dédoublement par la séparation picturale du dessin et de la couleur. Ainsi une nouvelle cartographie se met en place où l'homme perd son contour, sa ligne organique, et se love dans un espace désormais infini. Figure dissociée, l'homme instable se meut dans un espace qui à la fois le contient et le libère en gommant ses limites.

Ce partage de l'espace, je m'en suis servi pour montrer le processus de création de la forme : cette tension dialectique qui lie constamment l'un au tout, l'homme à l'univers : équilibre fragile et possible rupture.

Comme l'écrira Nicolas Bourriaud : « C'est pour cela que tout peintre postule la mort de la peinture. Dans ce sens, tout peintre se double d'un exécuteur testamentaire : l'art se situe à l'épicentre d'une zone mouvante, délimitée par la distance que prend l'artiste avec son propre cadavre. Corps, âme : cartographie des limites. » (4)

Cartographie des limites où réside une figure majeure, et pourtant fugitive comme le rappelle Giovanni Lista : « Dans cette nouvelle tentative pour atteindre l'immatériel par le concret de la peinture, Meynard choisit d'intégrer un matériau iconique central : le corps comme lieu éphémère du rayonnement spirituel. L'homme apparaît mais il n'est qu'un signe dessiné par le vent, une présence fantasmatique surgissant du travail continu de la matière-énergie. » (5)

C'est avec la série « Échos » (1992) que j'ai réalisé la disparition de la silhouette anthropomorphique. Dans cette série, l'homme, sa silhouette, apparaît dispersé dans les éléments fondamentaux, l'eau, l'air, la terre, le feu. Le corps est encore présent mais seule sa géométrie est figurée, une géométrie cellulaire, neuronale. Les toiles sont titrées de façon significative : *Fragments I*, *Fragments II*, *Fragments III*, etc., pour indiquer leur identité en tant que pure géométrie.

L'Homme fractal

La disparition de la présence humaine dans mes œuvres n'était qu'une étape vers une autre prise en compte du réel à travers un spectre plus large de mesures microscopiques et macroscopiques.

Après ce que l'on pourrait appeler « une mise à nu » de l'homme et de ses possibles définitions par une géométrie classique, c'est-à-dire euclidienne, devenue insuffisante pour représenter l'humain au sein de la complexité du réel, j'ai commencé une reconstruction, une recomposition du réel avec d'autres outils.

L'abandon de la perspective euclidienne pour les principes fractals d'expansion, de saturation, d'entrelacs, de simultanéité des échelles, d'hybridations et de réseaux à l'infini a été une rupture essentielle dans mon travail de représentation picturale du vivant.

Le dessin, les formes, en jouant avec les différentes échelles d'une même figure, proposent une relecture d'une réalité en perpétuelle composition, décomposition, recomposition.

Les Corps puzzles

Comment réconcilier la nature, toutes ses exubérances de formes, ses courbes, volutes et arabesques, avec les géométries, euclidiennes ou non, outils nécessaires pour mesurer la réalité, même éphémère, et trouver un équilibre grâce à des repères rationnels ?

C'est la problématique que j'ai posée dans la série des *Scribes et pharaons* (1994), où l'homme apparaît comme une composition fragmentée, un entrelacs de structures. Ma peinture est devenue puzzle et l'homme rébus visuel dont le décodage est ludique mais aussi métaphysique :

Et si l'homme n'était finalement qu'un accident de la matière ?

Le puzzle reposant sur un système combinatoire, il nous oblige à penser (à voir) de façon non linéaire sur un mode aléatoire et expérimental.

Il s'agit de construire nous-mêmes la figure, d'expérimenter des associations, faire des va-et-vient entre des configurations que l'on imagine possibles et retrouver l'image perdue, lui redonner un avenir sinon un devenir.

« Entre puzzle et labyrinthe, les images de Meynard se métamorphosent, rendant ainsi impossible toute lecture univoque du travail. À la fois topographiques et formelles, ses œuvres sont des métaphores, des représentations de la fractalité de l'esprit avec sa capacité à se fissurer, se briser et se déformer avant de se reformer dans un nouvel état. Le travail de Meynard reflète l'idée de l'individu comme dynamique, celui-ci étant dépeint comme une continuité dans tous ses états, le turbulent et le statique, l'état humain où l'extase et le désespoir coexistent et permutent entre eux. » (6)

Autoportrait et son double
2015

J.C Meynard devant l'estampe numérique « Le Double » – 65 x 50 cm.

Fractal et infinis

L'une des premières caractéristiques de l'art fractal est de se jouer de l'infini, de fractionner le réel pour en montrer toute l'étendue dans la moindre de ses parcelles en démultipliant les plans, les espaces, les horizons.

D'autre part, l'œuvre fractale est créée par la propagation, à des échelles différentes, d'un élément ou d'une figure utilisée comme matrice qui, par sa démultiplication, va former un ensemble où le détail sera à l'image du tout. Cette similarité entre l'un et le tout, le micro et le macro présentés simultanément, est un processus essentiel de la création fractale qui met en écho l'infiniment petit et l'infiniment grand.

Dans cette représentation du réel, la complexité naît de nos propres difficultés pour trouver des repères hors de nos habitudes de voir et de penser.

D'autre part, c'est par son aspect maximaliste que l'œuvre fractale nous donne une vision de l'infini et nous fait accéder à ce que l'on désigne comme « le vertige fractal ». Pour surmonter cette sensation « vertigineuse », l'œil doit s'engager dans un parcours labyrinthique et l'esprit suivre sa propre inspiration, son propre imaginaire. Il y a là un jeu dans la mesure où le spectateur devenu acteur recompose une forme, une image, un ordre de manière aléatoire et subjective. Cette recomposition, cette nouvelle figure, bien que virtuelle, vient augmenter les possibles de l'œuvre. Le spectateur participe ainsi à un cycle sans fin : désordre, ordre, désordre, etc.

Parcours ludique, parcours initiatique, le spectateur, pris dans ce jeu de va-et-vient, découvre et explore les métamorphoses, les anamorphoses de combinaisons, de cristallisations créant des figures, aussitôt vues, aussitôt disparues, tel le principe de l'éphémère.

Dans cette géométrie de fragmentations, de plis et de replis, sur le modèle de la spirale, du tourbillon, du flux, à l'image des vagues sur le sable du désert ou des ondes sur la mer, le regard aborde des étendues, des espaces, des plans aux contours sans cesse démultipliés.

En expansion permanente, l'univers fractal où les frontières s'abolissent entre réel et virtuel, entre humain et post-humain, nous fait vagabonder dans un flux, un espace-temps sans mémoire, un retour à soi et sur soi, en quête d'une nouvelle identité.

Au début des années 2000, en abordant le concept d'infini et pour donner à voir la genèse d'un objet fractal, j'ai utilisé comme matrice l'architecture graphique de mon propre visage, architecture que j'ai fait se propager à des échelles différentes et sans limites sur toute la surface de mes œuvres, œuvres qui, elles-mêmes, s'autorépliquaient et se propageaient dans l'espace (même chose que le passage d'une simple fiche d'identité à une représentation de plus en plus complexe de l'homme comme une arborescence vivante et illimitée).

Ce processus d'expansion m'a permis d'appréhender l'homme et sa figuration de manière non finie, de redonner des possibilités de composition et de recomposition à la peinture – comme au vivant.

Les Méta Corpus

En 2005, j'ai présenté au musée d'Évreux et à la Maison des arts d'Évreux des « univers fractals » qui donnaient à voir l'image du corps dans tous les sens du terme : corps humain, urbain, social – corps dans tous ses états – à l'aide de nouvelles géométries et de nouvelles dimensions entre constructions avec illusions de perspectives en 3D et sculptures.

Pour réaliser ces « Méta Corpus », j'ai superposé des plaques d'images comme des strates géologiques, marquant ainsi les étapes de mon processus de création pour construire des œuvres en reliefs et des architectures.

Il y avait là une mise en abîme et en expansion du motif dessiné qui, à l'intérieur même de l'œuvre, donnait la sensation du mouvement. On obtenait en quelque sorte un hyperespace, à tel point qu'en passant du plan simple au volume, on pouvait croire que certains éléments de mes œuvres s'échappaient de leur cadre initial pour envahir l'espace environnant.

De là à élaborer des œuvres hors cadres, il n'y avait qu'un pas que j'ai franchi lors des expositions suivantes en créant des espaces particuliers, des demeures fractales, organisées de manière à ce que le spectateur pénètre et voyage au cœur même d'univers fractals où chaque élément engendrait le suivant et tissait un parcours.

« Entrer dans l'univers fractal de Meynard piège nos certitudes. Ses œuvres nous font vivre l'espace physiquement. Sous la pression d'une fragmentation géométrique, une chorégraphie de plis, spirales, droites, diagonales et courbes nous emporte dans un mouvement giratoire dont l'issue est le vertige de l'espace-temps. » (7)

Les Demeures fractales

Les Demeures fractales sont de grandes installations qui intègrent d'autres espaces, d'autres imaginaires, qui se répercutent comme les ondes d'un écho et qui font écho à l'ensemble ; à l'intérieur de cette mise en écho, chaque œuvre trouve son prolongement dans l'espace, *via* la matrice initiale, le dessin à partir duquel elle a été conçue ; ce dessin, ce motif, se propage en continu sous forme de sérigraphies du sol au plafond dans tout l'espace environnant, intérieur et extérieur, chaque œuvre devenant ainsi la ramification d'une vaste arborescence.

C'est en circulant dans cette vaste arborescence que l'on peut ressentir l'expansion de l'espace, une expansion qui rompt la géométrie première en réorganisant et démultipliant les perspectives, les plans, les volumes… l'espace entier devenant ainsi protéiforme et son architecture perdant toute notion de centre.

Pour assurer une stabilité parmi ces proliférations de tracés, de plans, de reliefs, qui constituent un ensemble-univers où chaque élément, à son échelle, participe à l'édification du corps immense dans lequel on est plongé, j'ai placé, posté un repère : une silhouette humaine comme un guide graphique, une présence circulante, une liberté.

En ce sens, une Demeure fractale emblématique fut celle réalisée dans le pôle culturel du palais des Comtes de Provence, dans le Var ; lieu très particulier puisque entièrement dominé par un grand escalier de béton de 20 mètres de hauteur. (8)

Par une géométrie fractale, j'ai métamorphosé cet escalier en une spirale sans fin que gravit une silhouette humaine.

Marie-Pierre Paulicevich, journaliste, a relaté l'installation :

« Faire entrer l'art contemporain et la géométrie fractale dans une enceinte moyenâgeuse était risqué (…) Jean-Claude Meynard a passé trois mois à installer ses œuvres autour et dans le fameux escalier, sur les plafonds, par terre mais aussi au sol et sous-sol (…) le bâtiment lui-même se transformant peu à peu en une brillante œuvre d'art, pièce unique que l'on ne reverra jamais. »

L'escalier fractal
2011

Demeure fractale, pôle culturel
Palais des Comtes de Provence, Brignoles.

Babel

Au cours de leur expansion, on voit que les « Demeures fractales » engendrent des sortes d'éruptions, comme des éruptions volcaniques où la surface se craquelle, se fractionne à la façon d'une figure fractale, pour faire surgir des univers similaires comme autant de reproductions de l'univers initial. Tels des satellites, ces univers nouveau-nés, pour agrandir le champ de vision, le champ d'investigation du réel, vont habiter d'autres espaces et bientôt prendre corps, prendre essor, dans des architectures indépendantes : Spirale, Pyramide, Sphère, Tour.

Ces différentes architectures ont été conçues à partir du même graphe de silhouette humaine qui circulait dans les demeures fractales – mais qui, cette fois, répliqué, multiplié, démultiplié, va composer une forme nouvelle : un algorithme de silhouettes humaines solidaires qui, à son tour, répliqué, multiplié, démultiplié, va construire l'architecture des œuvres.

C'est cette réplication, illimitée, qui m'a conduit à placer ces architectures sous le signe de Babel.

Mais, alors que, selon la légende, Babel est une construction humaine inachevée pour cause de désunion, j'ai inversé la légende et fait de Babel une architecture de l'union, par la force d'un seul motif, ce fractal de silhouettes humaines dont la répétition, *ad libitum*, a composé la ligne graphique d'une écriture… ainsi les hommes sont devenus des phrases infinies et si la Babel légendaire les montrait désunis par les langues, *a contrario*, je les représente comme une chaîne d'humanité appartenant aux mêmes signes…

Hybridation et hybrides

Mes œuvres fractales n'ont jamais cessé de jouer avec l'espace en en repoussant les limites visibles, intérieures ou extérieures, micro ou macroscopiques, en jouant avec les visions d'infini, en passant d'une dimension à une autre. Les notions, de loin, de près, de passé, de présent, de futur, ont rompu les limites de leur cadre. Désormais dans mon travail, les dimensions spatiales et temporelles se côtoient, se superposent, fusionnent et se réinventent sans cesse.

En 2010, lors d'une rétrospective au centre d'art Villa Tamaris couvrant 35 années de mes créations, le directeur de la Villa, Robert Bonaccorsi, et moi-même avons fait apparaître ce questionnement sur le devenir d'une forme prise dans un temps – hors du temps.

En effet, nous avons organisé la scénographie de façon à ce que mes œuvres d'époques parfois très éloignées – de l'hyperréalisme à la géométrie fractale – soient rapprochées, mêlées, confrontées – voulant ainsi revisiter mon travail, le relire, sans chronologie, ni paramètres temporels. (9)

Il s'est produit alors un phénomène intéressant, surprenant, mes œuvres sont entrées en échos visuels, en résonances picturales, et l'ensemble de mes œuvres, dans une sorte de symbiose, a créé des formes nouvelles… Une supra-réalité s'est révélée dans un hyperespace où le temps ne s'écoulait plus de manière unidirectionnelle, où le temps ne suivait plus la flèche du temps.

Par la suite, j'ai poursuivi et enrichi cette expérience en créant « réellement » des hybrides à partir d'œuvres appartenant à des époques différentes, mettant ainsi en action un principe fractal : « Dans la spirale ordre-désordre, l'œuvre est l'émergence éphémère d'une hybridation : un passage. » (10)

Cette notion de passage d'une forme à une autre dépasse les notions d'échelle, de temps, d'espace, et crée un monde où la lecture des formes, des graphes, des signes n'est plus univoque.

En fait, si j'analyse mon parcours, de l'hyperréalisme à la géométrie fractale, mon but était bien de montrer qu'une forme est toujours en devenir, en transformation et renouvellement. Avec mes hybrides, j'ai en quelque sorte poussé l'expérience plus avant, en explorant la forme même de mon œuvre, mon œuvre devenant ainsi une matière première et un terrain d'expérimentations en vue d'autres métamorphoses possibles.

Métamorphoses et autres mutations…

Le concept de métamorphose est constitutif de la représentation fractale, la figure fractale étant, par définition, une forme en constante expansion, évolution et mouvement, une forme en incessantes métamorphoses.

Les formes qui apparaissent dans ce mouvement permanent se développent de manière très similaire aux arborescences que l'on peut observer dans la nature ; ces arborescences se jouent des échelles, leurs formes se développent de manière autosimilaire et envahissent l'environnement qui devient alors semblable à la forme qui l'a envahi. Par osmose, il y a fusion de la forme et de son environnement dans une même arborescence.

Dans ce phénomène de métamorphose, de passage d'un état à un autre, les repères du vivant se trouvent brouillés… Qui est quoi ? Les définitions sont à remettre en cause, en doute, en question.

L'image la plus explicite de cet état changeant du réel se trouve dans la forme des nuages aux contours sans cesse modifiés sous l'influence des vents, « ces nuages, ces merveilleux nuages » dont parle Baudelaire et dans lesquels on peut voir tous les possibles, toutes les formes et déformes, les métamorphoses du vivant en action.

Ces métamorphoses du vivant m'ont amené à regarder le monde d'une manière non finie, non définitivement finie et, dans mes œuvres, de le représenter ainsi : en état de changement.

J'ai donc créé des métamorphoses, c'est-à-dire montrer des possibilités de composition et de recomposition, donc de vie, à l'intérieur d'une même représentation, d'un même cadre, d'un même tableau – créé des métamorphoses, non comme la nature les produit entre déterminisme et aléatoire, mais comme un plasticien, en jouant du réel et du virtuel par glissements de territoires et cloisonnements abolis.

Puis, en 2015, j'ai élargi ce concept de métamorphose à la figure animale, en créant un Bestiaire fractal où la silhouette humaine démultipliée à des échelles différentes compose la figure de l'animal, donnant ainsi à voir la métamorphose en action, l'aller-retour de l'animal à l'homme, de l'homme à l'animal, d'un état à un autre état, à travers les fluctuations, les hésitations et les conflits du vivant.

L'outil fractal, cette géométrie de la démultiplication, du déploiement, m'a permis de figurer l'humain sous forme d'identités multiples et multiformes, l'humain comme porteur permanent de l'évolution – à la fois mémoire et futur du vivant ; le Bestiaire fractal est en fait une mise en image, en émotion, du trouble identitaire, de l'incertitude ontologique de toute identité de façon à rendre visible la nouvelle histoire, la nouvelle mythologie du vivant.

L'audace, dynamique de l'art

L'homme ne se conçoit plus limité, borné – il est un des éléments de la complexité du monde et, au sein de cette complexité, il ne peut que se reformuler, à l'image du monde qui l'entoure et avec lequel il interéchange. L'homme immobile, l'homme clos dans les mouvances du réel est à l'image de l'homme pariétal de Lascaux, un signe, un idéogramme de l'humain, d'avance une forme classée de l'histoire. L'homme, tel que le montrent aujourd'hui les deux outils de connaissance que sont la science et l'art, est une figure changeante, évolutive, un point tracé sur l'arborescence du vivant.

Il faut rappeler que l'art n'appartient pas à un mode particulier de la connaissance, il aborde le réel aussi bien d'un point de vue rationnel qu'émotionnel. La création artistique peut utiliser la rigueur d'une approche scientifique, notamment la géométrie qui rend compte de l'univers en le mesurant, comme elle peut utiliser l'intuition avec son mode direct, analytique et spontané, qui démesure le réel pour en saisir les autres dimensions, les autres possibles.

Par ailleurs, avec l'outil numérique et ses capacités de mesure de plus en plus rapides, précises et affinées, les possibilités de mise en lumière de cette nouvelle figuration de l'homme se sont accrues. C'est également grâce à cette vitesse de calcul que l'art a trouvé les moyens de concrétiser visuellement les nouvelles dimensions du réel, quasiment dans le même temps que celui de leurs conceptions scientifiques.

L'art, par essence, a pour problématique d'aller au-delà des apparences, au-delà du connu, et sa dynamique est l'audace. Encore de l'audace pour débusquer les moyens d'accéder à des réels inconnus. Toujours de l'audace pour les expérimenter.

À cet égard, la pratique des outils numériques m'a permis d'optimiser l'utilisation de la géométrie fractale au cœur de mon travail pour révéler une réalité aux contours, par définition, infinis. J'ai pu fusionner le réel et le virtuel et faire surgir une forme, un ordre défini, une stabilité au sein d'un univers en mouvement. En fait, c'est l'œuvre qui est stable – par définition l'œuvre présente un état arrêté de l'histoire, du temps, elle est comme un accident dans le flux du réel, c'est pour cette raison que je propose des Demeures fractales où le spectateur a la possibilité de réintroduire le mouvement, l'instabilité, en se déplaçant, en marchant dans l'œuvre, en devenant lui-même le temps qui passe et une des figures de l'œuvre qu'il parcourt.

Ma première Demeure fractale date de 1976, année où j'ai peint la toile *Hyper-Street* représentant une rue de Paris sur 7 mètres de long – 7 mètres de figuration hyperréaliste pour donner à voir, à parcourir en panoramique la complexité du réel... Trente ans plus tard, mes Demeures fractales appartiennent à la même thématique, mais cette fois, à travers une figuration fractale qui brise les repères.

Dans l'entre-temps, mes œuvres se sont construites de métamorphoses en métamorphoses, comme une spirale répétant la même courbe, le même questionnement existentiel sous la forme iconique d'une silhouette humaine circulant dans la complexité du monde.

Quant à moi, pour ne pas stopper ma course picturale, pour échapper à l'immobilisme de toute définition, pour libérer mes propres métamorphoses, mes propres avatars, j'ai ouvert ma frontière d'homme, j'ai brouillé les territoires et me suis nommé Animal fractal.

Notes :

1. *Hyper-Street*, peinture acrylique sur toile (700 x 120 cm). Cette œuvre a été présentée pour la première fois à la FIAC 1975. Elle appartient depuis à la collection André Campana.
2. Nicolas Bourriaud, préface du catalogue de l'exposition « Le Radeau des muses », mai 1988.
3. Giovanni Lista, extrait du catalogue de l'exposition « Corps et âmes », mars 1994.
4. Nicolas Bourriaud, catalogue de l'exposition « Corps et âmes », avril 1990.
5. Giovanni Lista, catalogue de l'exposition « Corps et âmes », avril 1990.

6. Susan Condé, extrait du livre *La Fractalité dans l'art contemporain*, Paris, Éditions La Différence, 2001.

7. Lydia Harambourg, court extrait de l'article de la *Gazette Drouot* pour l'exposition « Meynard Fractal » au musée d'Évreux, 2005.

8. L'installation s'est intitulée : « L'Escalier de Brignoles – Babel, utopie en marches ».

9. Nous avons renouvelé l'expérience en juin 2018 au centre d'art de la Villa Tamaris pour l'exposition collective « L'œuvre en morceaux ».

10. Extrait du Manifeste fractaliste (1997).

L'abécédaire

Le principe du vivant se retrouve dans cet Abécédaire. Pas de chronologie, sinon alphabétique, mais des ponts, des dialogues, des effets papillon, des portes et passages, d'un sujet à l'autre.

En quelque sorte, une composition fractale qui nous convie à lire fractal, à voir fractal, à penser fractal.

A... comme au début

Au début, il y eut ma fascination pour la complexité du réel, sa multiplicité, son désordre, son trop-plein jusqu'à la confusion, jusqu'à l'illisibilité, et quand on est un peintre, comment représenter cette « illisibilité » alors que peindre c'est justement rendre lisible, visible...

C'est certainement pour résoudre ce paradoxe qu'au début des années soixante-dix, dans ma volonté d'exploration du réel, j'ai commencé par une figuration hyperréaliste, figuration qui tentait de représenter la totalité de la réalité en saturant l'image par un maximum d'informations.

Les œuvres de cette époque n'étaient pas des constats photographiques mais un travail pictural consistant en une surabondance d'éléments visuels de façon à remettre en cause nos habitudes de perception, à faire vaciller le regard.

Pour ce faire, j'ai créé une géométrie de l'excès. Mes compositions étaient dépourvues de hiérarchies, les détails les plus infimes étaient figurés au même niveau de réalité, le « près » et le « loin » avaient la même focale. Je voulais que le spectateur saisisse en même temps l'ensemble et le détail, le macro et le micro, le premier et le dernier plan... je voulais un hyperœil pour une hyperréalité.

À travers la construction de cette hyperréalité, je montrais (dénonçais) un monde devenu image, spectacle, simulacre... un monde dans lequel l'homme, lui aussi, était devenu image, apparence, surface, reflet, ni plus vivant ni plus réel que le monde qui l'entourait et avec lequel il partageait le même degré d'existence ou... d'inexistence.

Mes œuvres hyperréalistes, notamment le quadriptyque *Hyper-Street*, présenté à la FIAC en 1975, suscitèrent une forte adhésion. Mais, paradoxalement, le public vit de l'authentique, du réel, du vrai, sans voir à quel point ce vrai-là était faux, reconstruit, refiguré. Le public ne ressentit pas ce qui se jouait dans mes toiles, à savoir la mise en évidence d'une imposture visuelle, celle d'une société du spectacle qui donnait à voir le faux-vrai comme une réalité. Et l'homme ? Faux-vrai lui aussi ? À quel degré d'existence se situait-il ? C'était désormais ce degré d'existence que ma peinture allait questionner.

B… comme bestiaire fractal

Après avoir travaillé sur un concept tripartite que j'avais nommé « Métamorphoses, hybrides et autres mutations… », j'ai élargi en 2015 ce concept à la figure animale et construit un Bestiaire fractal profondément métamorphique en partant de silhouettes humaines déjà présentes dans mon œuvre.

Toutes les figures animales de ce Bestiaire sont donc issues des algorithmes archétypaux qui rythment mon œuvre : *L'Homme montant et descendant l'escalier*, *L'homme qui marche*, *L'Icare*, *Le Scribe*, *Le Nageur*, etc.

En fait, ces silhouettes ne demandaient qu'à se métamorphoser selon le principe fractal de composition-décomposition-recomposition… Et en les démultipliant à des échelles différentes, j'ai composé les figures animales, donnant à voir le passage du vivant d'un état à un autre état, l'aller-venir de l'homme à l'animal dans les limites fluctuantes du vivant.

Désordre donc, mais organisé de façon à rompre cet ordre convenu du vivant, cet ordre appris, la grande séparation : Homme/Animal, pour montrer la vie comme un algorithme sans fin ni limite, un immense fractal composé de flux et d'arborescences d'où jaillit par instants une « figure identifiable » mais qui aussitôt s'échappe vers une nouvelle métamorphose.

Ce mélange des territoires, cette abolition des frontières, oblige à un nouveau regard, une nouvelle intelligence : où commence l'animal et où finit l'homme ?

Dans ce Bestiaire, l'animal n'est pas plus tout à fait un animal, c'est un homme, ou plutôt un homme en devenir d'homme, ou un animal en devenir d'animal. Le vivant n'est pas dans l'image fixe, mais dans le mouvement, la fluctuation… et à la frontière de l'homme et de l'animal, est-ce que la nature hésite, s'interroge ?

« L'Animal fractal que je suis » est l'intitulé de l'une de mes expositions (2014) signifiant l'incertitude ontologique de toute identité, le glissement possible d'une forme à une autre, comme si le concept même de la métamorphose était inscrit dans l'ADN du vivant : « Je suis donc je change… »

Aire de jeux rêvée pour un plasticien que de pouvoir ainsi, avec la vision fractale, insérer l'infini dans le fini, articuler le réel au symbolique, le naturel à l'historique, recomposer le vivant et le reprogrammer jusqu'à inventer une mythologie nouvelle.

C... comme camouflage

L'aspect formel du camouflage est très similaire à la représentation fractale du réel. En effet, le principe du camouflage est de fondre, confondre le sujet à son environnement afin que le regard ne puisse pas le discerner, le repérer, l'identifier. Le fractal, quant à lui, par nature proliférant et se répliquant à l'infini à des échelles différentes, crée lui-même sa propre diffusion, sa propre prolifération, pour ainsi dire, son propre environnement.

Fractal et camouflage procèdent donc différemment mais provoquent l'un comme l'autre chez l'observateur la même sensation de vertige et de perte de repères. Pour abolir cette confusion, dans un cas comme dans l'autre, il faudra que le regard de l'observateur devienne actif, qu'il déchiffre, qu'il reconstruise des repères, qu'il expérimente des figures possibles ou impossibles, apparition, disparition, un repère sitôt aperçu, sitôt échappé. Patience du regard et jeu entre réel et imaginaire… Mais, au fait, où est l'original ?

Il n'y a pas d'original. Le sujet en soi n'existe pas, il est juste un moment dans le temps, un moment dans une chaîne, sans début ni fin, un moment d'ADN. Un moment du vivant.

C... comme chaos

Le chaos c'est ce qui n'est pas compris, ce qui nous échappe, une confusion, une folle cartographie sans repère où l'œil puisse se poser : une complexité indéchiffrable.

Je me suis intéressé à cette image du chaos pour tenter d'y déceler, malgré tout, une organisation, une intelligence possible, un ordre caché…

Pénétrant dans cette complexité, avec les outils de la géométrie fractale et la rapidité de calcul des ordinateurs, il m'est apparu une succession d'ordres et de désordres, et, dans ces ordres et désordres, une succession de métamorphoses de formes et de figures, chaque forme et figure se modifiant ou évoluant au fil du temps en faisant évoluer son environnement ou en le modifiant à son tour…

Ainsi le chaos aurait sa propre organisation, ses propres repères, sa propre géométrie : la géométrie du chaos.

En tant que plasticien, l'idée d'une figuration possible du chaos et de son fonctionnement m'a ouvert des univers à explorer. Notamment, dans ma série « Puzzles » (années quatre-vingt-dix), j'ai figuré, de façon ludique, ce rapport entre chaos et géométrie.

Dans son principe, le puzzle est une double figuration du réel, chaotique lorsqu'il est en pièces éparpillées, ordonné lorsqu'il est réalisé. Il recèle en soi son désordre et son ordre. Le puzzle est un chaos qui recèle sa propre géométrie.

D... comme demeures fractales

Je voulais créer des œuvres qui fassent vivre l'espace physiquement, des œuvres dans lesquelles les spectateurs pourraient pénétrer, circuler, se perdre... J'ai donc investi des lieux (musées, centres d'art, galeries) en rompant leur géométrie et, selon le processus de réplication fractale, en démultipliant leurs perspectives, leurs plans, leurs espaces...

Au cœur de ces déstructurations organisées, j'ai inséré des tableaux, des sculptures, des créations graphiques, comme d'autres espaces possibles, d'autres imaginaires qui se font écho et font écho à l'ensemble.

Les œuvres cessent d'être des images fixes, elles deviennent des tracés, chemins, croisements, bifurcations, des itinéraires de liberté.

Dans ces œuvres, que j'ai nommées « Demeures fractales », l'unique repère, le point fixe, est une silhouette humaine, une sorte de double, à la fois figure graphique du peintre et graphe universel de l'homme.

En fait, ce « double » parcourt la totalité de mon œuvre, il est, à sa manière, « l'adorable fantôme » dont parle Julien Gracq, celui dont le voile ne se lève jamais, dont le visage ne se montre jamais, parce qu'en son essence même, en son secret, il est l'image obsédante qui incite à la création.

J'ai créé sept « Demeures fractales » dont la première *La Maison fractale*, en 2005, pour le musée d'Évreux (Eure, France) où elle a été présentée durant cinq mois dans le cadre de l'exposition « Meynard Fractal ».

Cette *Maison fractale* est une préfiguration des futures Demeures, elle en est le premier concept. Et, contrairement aux autres, si elle n'occupe pas un espace préétabli, c'est qu'elle possède en elle-même son propre espace ou plus exactement qu'elle le génère. Architecturée en un vaste cube de 2,5 m sur 2,5 m, elle forme une sorte de matrice qui se clone et se démultiplie en de multiples cubes de dimensions différentes. Certains cubes sont fixés directement dans le cœur de l'œuvre, tandis que d'autres sont indépendants, comme libérés de la matrice, prêts à générer à leur tour d'autres architectures, d'autres espaces… Dans chaque cube une silhouette humaine, démultipliée, circule, ponctuant cette composition fractale d'un réel en expansion.

Ainsi la *Maison fractale* décompose et recompose l'espace d'une maison représentée, non comme un lieu fixe, mais comme un itinéraire.

La maison n'est plus un lieu racinaire mais une arborescence dont l'unique repère est une silhouette humaine : une présence circulante dans la complexité, prise et déprise dans les réseaux, un visuel de l'interdépendance de l'homme et de son espace. (1)

Extrêmement difficile à photographier, à saisir, la *Maison fractale* a été présentée dans un film *Fractal House* qui seul parvient à rendre compte de l'aspect multidimensionnel de l'œuvre et de son itinérance intrinsèque.

En 2010, j'ai conçu pour la galerie Riff Art Projects à Paris, une Demeure fractale intitulée *Le Monde de Babel.* Reprenant le mythe, j'ai proposé non pas une architecture ascensionnelle comme le présuppose le sujet, mais une nouvelle présentation de Babel : une Babel vue de l'intérieur. En investissant la totalité de l'espace de la galerie, murs et sol, j'ai rompu les perspectives et démultiplié les plans de façon à créer une sensation d'expansion de l'espace ; le visiteur pouvait pénétrer à l'intérieur de Babel et circuler dans cet espace fractal – devenu illimité.

L'installation sera itinérante. Elle sera à nouveau présentée au Grand Palais pour « Art Paris ».

« *Le Bus fractal* », autre Demeure fractale, reprendra cette idée d'itinérance en 2013. Dans le sud de la France, sur deux bus de lignes régulières, j'ai tagué un immense algorithme fractal de silhouettes humaines en mouvement. C'est donc le même itinéraire qu'ont parcouru durant des mois les passagers de l'intérieur et les passagers de l'extérieur, en écho. (2)

La même année, à l'occasion du 23e Colloque de Mouans-Sartoux, « Art, science, pensée », j'ai installé une Demeure dans une piscine et son environnement proche. *Ultra-Marine* est un univers flottant constitué de hauts voiles de tulle sérigraphiés qui encadrent la piscine tandis qu'au fond de l'eau une longue toile est immergée, déployée, présentant le même motif que sur les voiles de tulle : des silhouettes humaines en mouvement… En nageant, les visiteurs peuvent pénétrer dans l'œuvre, la parcourir. (3)

Notes :

1. Pascal Guérin, designer ébéniste, a collaboré à la construction de la *Maison fractale.*
2. Bus de l'agglomération de Valbonne-Sophia Antipolis (Alpes-Maritimes, France).
3. Créé par le Dr Paul Charbit, le colloque de Mouans-Sartoux (Alpes-Maritimes, France) réunit chaque année en septembre des philosophes, artistes, informaticiens, physiciens, neurologues, médecins, universitaires, sur une thématique particulière.

La Maison fractale – détail
2005

Architecture, impression numérique sous plexiglas
250 x 250 x 60 cm.

E… comme escalier fractal

À Brignoles (Var, France), le pôle culturel des Comtes de Provence, lieu d'expositions, est un espace singulier, baroque, doté de vestiges de l'ancien moulin à huile datant du XVIIIe siècle et d'un escalier en béton des années quarante qui occupe quasiment tout l'espace.

C'est à partir de cette architecture utilitaire de 20 mètres de hauteur que j'ai réalisé une Demeure fractale très particulière, centrée sur cet escalier dont j'ai fait un espace à part entière, une demeure en soi, en surdimensionnant sa géométrie, en rompant ses perspectives et en démultipliant ses lignes d'horizon… pour l'affranchir du haut et du bas et qu'il devienne une immense spirale dans laquelle va circuler interminablement une silhouette humaine. (1)

En tant qu'escalier sans fin, cet escalier rappelle celui d'Escher (Escher a travaillé sur la géométrie de l'infini avec des principes fractals avant la lettre) mais la différence de vision reste notable.

L'escalier d'Escher est une architecture du piège. C'est un escalier qui monte en descendant et descend en montant et ceci indéfiniment, si bien que l'homme qui s'y engage ne peut s'en échapper.

Ici, dans cet escalier fractal, l'homme apparaît à la fois dans la montée et la descente mais comme une figure portée, décuplée par tous les réseaux et perspectives qui, à la fois, l'entourent et le configurent, y compris les réseaux de l'escalier.

L'homme et l'escalier deviennent ainsi deux figures consubstantielles qui partagent le même territoire, la même verticalité, et si cet escalier de Babel symbolise la montée, ce sont les hommes qui sont en état d'ascension.

À partir d'une architecture utilitaire en béton, cette métamorphose fractale permet d'appréhender *in vivo*, sur 20 mètres de hauteur, une ascension où la complexité bousculant les repères, ou plutôt les renouvelant, permet de créer, au final, un visuel du vertige.

Notes :

1. Le film *L'Escalier fractal – Un manifeste fractal* a été réalisé par Gilles Bastianelli sur cette installation au pôle culturel du palais des Comtes de Provence à Brignoles (Var, France) 2011.

E... comme Euclide

Quand on décrypte le monde, classiquement, on le décrypte à travers le regard d'Euclide, en utilisant des notions de plan, droite, surface, largeur...

Mais cette vision euclidienne appartient au monde grec, 300 ans avant notre ère, un monde simple, organisé autour d'une mer unique, la Méditerranée, sur laquelle un homme comme Ulysse a pu naviguer durant dix ans sans jamais être repéré.

Aujourd'hui cette géométrie est insuffisante pour déchiffrer le monde, sa complexité, son chaos, son expansion, sa croissance, sa décroissance, ses systèmes proliférants, ses puzzles, ses effets papillon. Le monde actuel vit, pense, selon d'autres dimensions, d'autres perspectives.

À travers mes travaux (peintures, sculptures, créations numériques, installations) j'ai cherché à rendre compte de cette nouvelle configuration du réel, à rendre perceptible cette complexité, à montrer sa forme, l'essence même de sa forme qui n'est pas le compliqué, ni l'inextricable, mais une forme vive, une dynamique.

La complexité n'est pas une figure fermée, excluante, mais un déploiement. C'est en cela que je me réfère au fractal parce que cette géométrie, *a contrario* de celle d'Euclide, aborde la géographie du monde sous l'angle de l'expansion, de la prolifération. Ce que je propose, ce sont des représentations démultipliées du réel, infiniment répétées à des échelles différentes, comme une sorte de clonage qui équivaut à une représentation de l'infini.

L'infini n'est plus séparé de l'homme, il n'est plus une immensité extérieure et sans borne, il devient la répétition sans limite d'une même figure, une réplique continue du réel. Je pense parfois mes œuvres comme non finies, susceptibles d'être retravaillées, certaines fois même hybridées. L'œuvre comme une émergence éphémère, comme une figuration passagère. Un monde qui se réplique, se recompose, se réinvente, et dont j'essaie d'apprivoiser la réinvention.

F... comme flux

Dans le flux continu du vivant, que reste-t-il du sujet, de la figure humaine, de sa place dans l'ordre cosmique ?

Attracteurs étranges ! L'énergie ne suppose rien d'autre que des centres de gravité où la matière vient se condenser avant de se dissoudre et où toutes les figures, toutes les silhouettes peuvent se construire, se cristalliser avant de se perdre dans des vagues de particules, dans un maelström qui fait apparaître et disparaître une suite infinie de formes.

Cette présence du sujet au centre d'un chaos de matière-énergie en mutation perpétuelle, cette figure éphémère qui disparaît et reparaît, comme un phœnix libéré de forces centripètes, j'en ai peint la résistance, la persistance, dans de nombreuses œuvres des années 1980-1990 comme « Le Radeau des muses » (1), « Les Corps héroïques » (2) et « Scribes et pharaons » (3).

J'insiste sur le mot « peint ». À l'époque, je n'utilisais pas encore l'ordinateur, mes œuvres fractales étaient réalisées au pinceau. Ainsi, dans les tableaux qui composent la série du « Radeau des muses », j'ai travaillé picturalement par accumulations, juxtapositions, déferlements de petites touches pour donner à voir le flux de la matière énergie et faire vibrer les corps entre ombre et lumière, surgissement et disparition, dans un schéma en forme de « S » : double spirale représentative du mouvement d'évolution continue de l'être, de sa croissance, de son élévation, de sa tension et de sa chute... L'espace et son flux de matière prennent l'aspect d'un tissu cellulaire qui se fractionne et mute. L'œil, d'abord piégé, voit émerger au sein de cet espace, de cette composition, une forme humaine qui est intimement et organiquement liée aux multiples strates de la surface picturale. Il s'agit encore et toujours de donner corps à la continuité de la matière qui met en échec le contour et qui relativise l'individu comme forme définitive au sein de la pérennité proliférante du monde.

Emblématique, la série du « Radeau des muses » aborde la double question sous-jacente à toute œuvre : qu'en est-il de la présence et survie du sujet en peinture ? Qu'en est-il de la survie de l'humain dans la matière proliférante du monde ? Forme éphémère ? Apparition fugace ? L'être et sa silhouette anthropomorphique nécessitent un travail toujours recommencé.

Notes :

1. « Le Radeau des muses », exposition galerie Lamaignère Saint-Germain, Paris, 1988.
2. « Les Corps héroïques », galerie Lamaignère Saint-Germain, Paris, 1989.
3. « Scribes et pharaons », galerie Lavignes-Bastille, Paris, 1994.

Excès.
2001

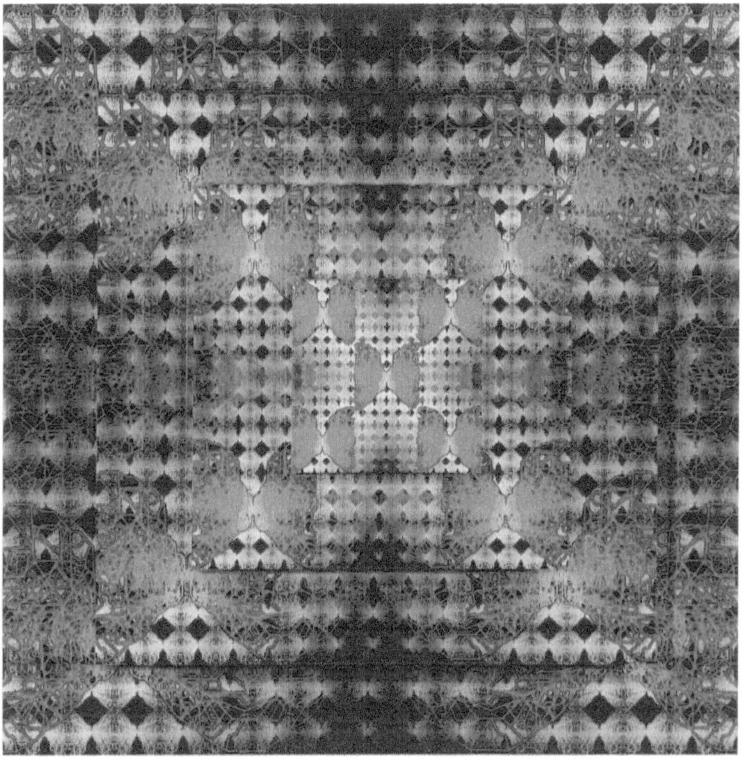

Bas-Relief, Impression numérique sous plexiglas
120 x 120 cm

G... comme géométrie et l'infini ?

Le terme géométrie dérive de deux mots grecs : (*gê*) « terre » et (*métron*) « mesure ». Géométrie : mesure de la terre. L'homme est sûrement né géomètre. Besoin de repères pour se situer, avancer, arpenter, cartographier, et dire : « Ceci est la terre sur laquelle je suis ».

Mais dire aussi, comme Pascal face au ciel, « le silence éternel de ces espaces infinis m'effraie... », parce que là, face à l'infini, que peut l'homme géomètre, sinon mesurer son propre effroi. Autrement dit, que peut la géométrie face à l'infini ? Un infini par définition démesuré, donc immensurable.

La terre rassure. Plate, carrée, ronde, en forme de carapace de tortue, peu importe, elle a une fin, une limite, une géométrie, une figure.

Quelle est la figure de l'infini ?

Deux représentations me viennent immédiatement à l'esprit.

La première est celle où deux miroirs, se faisant face, se renvoient leur propre reflet, encore, et encore... et si ce processus, couramment nommé « mise en abyme » ou récursivité en mathématiques, se poursuit sans limite ni d'espace ni de temps, il se formera une image fractale de l'infini.

La seconde représentation est celle d'une silhouette humaine qui, dans un espace géométriquement délimité, s'éloigne, et qui, au fur et à mesure de son éloignement, diminue de taille, s'amenuise, ses pas devenant de plus en plus petits, de sorte que, visuellement, la silhouette répétée sans fin n'atteindra jamais la limite géographique de l'espace...

Ces deux représentations, qui ont en commun la récursivité et la variation d'échelles, sont pour moi des figures picturales de l'infini.

Dans mon travail, pour aborder l'infini, pour le rendre visible, rompre avec les échelles habituelles de l'infiniment grand des galaxies ou l'infiniment petit de l'atome, j'ai utilisé la géométrie fractale. À la différence de celle d'Euclide, cette géométrie aborde la géographie du monde sous l'angle de l'expansion et de la prolifération, c'est en ce sens que j'ai conçu un infini en mouvement, un infini en train de devenir infini ; un infini qui n'est plus une immensité extérieure ou intérieure mais la répétition sans limite d'une même figure, un écho continu.

Cette figuration fractale de l'infini m'a amené à travailler sur le mythe de Babel en tant que métaphore.

La tour de Babel est un mythe oriental où il est raconté un temps où l'humanité partageait la même langue. En ce temps-là, les hommes commencèrent à construire une tour de pierre pour atteindre le ciel. Dieu, pour les punir de tant d'orgueil et faire échouer leur plan, inventa les langues, et les hommes, ne se comprenant plus, abandonnèrent leur construction. La tour resta donc inachevée et les hommes désunis.

A contrario de cette Babel légendaire, symbole de la désunion des hommes, j'ai conçu en 2000 une Babel de concorde. Les hommes qui avaient pensé Babel comme une architecture infinie de pierres pour atteindre le ciel vont devenir Babel elle-même, architecture « infinie » d'hommes. C'est en ce sens que j'ai conçu un fractal de silhouettes humaines solidaires que j'ai nommé « Matrice » et que j'ai démultiplié « *ad libitum* » pour construire une nouvelle architecture de Babel.

Cette suite de silhouettes humaines, comme des signes graphiques, compose une forme d'écriture. Reliées entre elles, les silhouettes, ou les lettres, sont dépendantes les unes des autres et toute suppression ou modification d'une seule créera une perturbation, une recomposition obligée de l'ensemble. L'architecture fractale n'est pas fixe, ni fixée à un centre ; elle est en mouvement, déploiement, extension, c'est pourquoi j'ai décliné cette géométrie de Babel sous différentes formes sculpturales (emblématiques), *Pyramide*, *Monolithes de verre*, *Sphère*... (1).

En fait, la configuration de Babel est sans cesse à réinventer et la géométrie fractale contribue à cette réinvention. Grâce à l'outil de démesure que cette géométrie nous offre, elle libère les voies d'exploration du réel, les redimensionne, et nous donne ainsi accès à l'infini.

Notes :

1. À ce jour, quatre *Babel* sont installées sur le pourtour méditerranéen.

H... comme hybride

Tout au long de mon travail sur une nouvelle configuration de l'homme au sein de la complexité du réel, j'ai mis à jour des univers picturaux de factures différentes.

Pourtant, lorsque l'on rapproche mes œuvres apparemment distinctes et d'époques parfois très éloignées – de l'hyperréalisme à la géométrie fractale –, on assiste à un phénomène singulier : les œuvres entrent en échos visuels, en résonances picturales, et semblent se féconder jusqu'à composer des œuvres nouvelles.

Ce processus a été mis en évidence, en 2010, lors d'une exposition rétrospective au centre d'art de la Villa Tamaris (1).

En effet, l'exposition qui regroupait une centaine de mes œuvres sur une période de trente-cinq ans avait été scénographiée, non selon un ordre chronologique, mais en bousculant le temps, en brouillant les époques, en juxtaposant les figurations de l'hyperréalisme et les géométries du Fractal jusqu'à générer des formes visuellement hybridées, nées d'un temps inédit.

Un temps inventé. Un temps hybride.

En cela, cette expérience fut aussi un mode de connaissance. Une toile que je pensais depuis longtemps connue, répertoriée avec sa fiche signalétique propre aux œuvres d'art : une date, un titre, une définition, un genre, une influence, une histoire ; une toile totalement apprivoisée a pu, une fois hybridée, se révéler sauvage, méconnaissable.

Ces créations hybrides générées sur place, pour ainsi dire, *in vivo*, n'ont duré que le temps de l'exposition, le temps du parcours du visiteur, le temps de son regard…

Ainsi l'hybride exemplaire réalisé à partir de 3 œuvres, 3 époques, 3 figures différentes : *L'Escalier* de 1976, *Les Icares* de 1998, et le *Moucharabieh* de 2005. (2)

Dans une première approche, c'est le motif de la spirale, commun à ces trois œuvres, qui permet leur hybridation. Puis le travail de recréation donne à voir plus et autrement. *L'Escalier*, avec son mort énigmatique, va au-delà de son référent visuel, cinématographique. En l'hybridant avec *Les Icares*, je dévoile sa dimension métaphysique, celle de la chute de l'homme. Quant aux *Icares* qui, par leur envol héroïque, défient la loi humaine, *L'Escalier* prosaïque leur apporte la dimension profane, la banale condition de l'homme, la chute sans grandeur.

Le *Moucharabieh*, lui, par son caractère intemporel, spiralé, presque byzantin, syncrétise les deux œuvres sous le sceau de l'énigme de l'humain.

Ainsi, en hybridant ces trois œuvres, j'ai pu réaliser une grande icône sur la condition humaine : un panorama existentiel.

Par la suite, j'ai reproduit l'expérience, ou plus exactement, je l'ai réinventée en créant des œuvres hybrides bien réelles à partir de différentes époques de mon parcours, de différents cycles, différentes créations, ce qui m'a permis d'explorer la forme même de mon œuvre.

Par une combinatoire particulière, j'ai greffé, associé, reformulé, recomposé mes propres toiles, comme si, en elles-mêmes, elles n'avaient pas tout montré, elles contenaient d'autres possibles, d'autres sens, d'autres toiles... J'ai envisagé le fait que le temps cesse d'être linéaire, qu'il devienne spirale, zigzag, télescopage. (3)

En fait, j'ai toujours été un chercheur de forme – entre hyperréalité et géométrie fractale –, j'ai tracé les figures du réel et de l'homme, et essayé de montrer qu'une forme était toujours en devenir, en transformation possible. C'est pourquoi les hybridations entre mes créations sont possibles parce qu'elles étaient déjà en germes dans mon parcours.

En faisant naître mes hybrides, en faisant de mes propres toiles ma matière première et mon terrain d'expérimentations, en imaginant que mon œuvre pouvait s'autogénérer, j'ai ouvert un champ de création à la combinatoire illimitée, et au-delà, dans ce rapport particulier, dans ce duo que j'ai établi avec mon œuvre, je crée un jeu de miroirs – peintre et œuvre, qui des deux regarde l'autre ?

Notes :

1. Villa Tamaris, La Seyne-sur-Mer, Var, France : Exposition personnelle « La Géométrie des Énigmes » – 2010.

2. Apparition/Création in situ d'un hybride qui a été intitulé : « Icône I ». 3 œuvres composent cet hybride : L'Escalier, acrylique sur toile, série « Schizophrénie », 1976 ; Mémoire d'Icare, installation à l'abbaye du Ronceray, 1998 ; Moucharabieh de l'horloge, bas-relief digital, 2005.

3. Villa Tamaris : Exposition collective « L'Image en morceaux » – 2018.

I… comme identité

C'est quoi l'identité d'un homme ? Ce que l'on voit ? Ce que l'on ne voit pas ? Ce qui apparaît ? Disparaît ? Naît ? Mute ? Y a-t-il des paramètres repérables, fixes ? Est-ce l'ADN ? Seulement l'ADN ? Tandis que j'écris, mon identité a déjà évolué, mon apparence changée… Et de Moi, qu'en est-il ? Quelle forme est la vraie ? Quelle forme est juste ? Où s'arrêter ? Quand dire « Ceci est moi » ? Forme instable que je suis. Mouvante.

Pratiquement tous les peintres, depuis la Renaissance, ont travaillé des autoportraits pour saisir leur image dans le temps, l'arrêter, ou la faire défiler au cours des années comme un diaporama existentiel.

J'ai moi-même exploré ce concept de l'identité non par la représentation figurative de mon propre visage – mais par la figuration de l'individu en recherche et perdition de sa propre identité.

Dans les années soixante-quinze, avec les séries « Schizophrénie » et « Série noire », je suis passé de l'individu surapparent de l'hyperréalisme, d'une netteté exemplaire, à une figure floue, incertaine, au centre d'une composition qui va montrer l'ambiguïté du réel au rêve.

Ainsi, en 1976, le titre d'une de mes expositions « Schizophrénies » (1) se réfère clairement au vacillement de l'identité. La solitude, l'angoisse, le suicide y sont représentés à travers une géométrie de l'enfermement et par le biais de mythologies urbaines : la gare, le métro, la cabine téléphonique… où j'ai montré l'individu enfermé, interné au cœur même de la ville.

Dans cette série, ma manière, ma peinture se brouille, se floute, dans une sorte de nuée pointilliste, comme si la trop forte évidence, cruauté des choses, ne pouvait se montrer ni se regarder trop clairement.

Ces représentations successives de « flottements d'identité » trouvent leur drame dans deux toiles emblématiques : *L'Escalier* et

La Barque... un déplacement vertical, un déplacement horizontal... pour aller où ? L'homme est peint écrasé au sol, et la barque est vide. Ces représentations, je les reprendrai (consciemment ou inconsciemment) tout au long de mon parcours, l'escalier, notamment, qui deviendra une figure récurrente dans mon travail.

Dans la deuxième série « Série noire », j'ai travaillé sur l'identité à travers une approche paranoïaque du monde en introduisant la figure de l'Autre, qu'il soit le double ou (et) l'adversaire. Avec des représentations picturales presque cinématographiques – effets de cadrage, de plans et de compositions – j'ai peint, proche des films noirs, sur le mode du reflet, des ombres, en privilégiant les scènes nocturnes aux éclairages artificiels qui renforcent la tension, l'effet dramatique.

Les identités devenues troubles, inquiétantes, je me suis tourné tout naturellement vers la thématique du JE/JEU. Car, au jeu, ce que l'on risque de perdre, plus que sa fortune, c'est soi-même, sa propre identité. Ce n'est jamais contre l'autre que l'on joue, mais contre soi... ainsi les présences humaines aux tables de poker, ou au billard, je les ai peintes doubles, triples, fractalisées, toutes à l'identique d'elles-mêmes, et saisit par une vibration, un tremblement, une peur... Qui joue ? Qui perd ? Qui gagne ? Qui vit ? Qui meurt ? Cette diffraction picturale des joueurs en multiples d'eux-mêmes, ces jeux de miroirs sur l'identité prendront d'autres formes notamment dans les séries suivantes « Corps et âmes » et « Échos ».

Dans « Corps et âmes », j'ai créé une séparation picturale du dessin et de la couleur, et mis en place une cartographie où l'homme perd son contour, sa ligne organique, pour se fondre dans un espace sans limite. Cette silhouette dissociée, instable dans l'espace, m'a permis de montrer un des processus de création de la forme : la tension dialectique qui lie constamment l'un au tout, l'homme à l'univers, et, entre les deux, l'équilibre fragile et la rupture possible. Dans la série suivante, « Échos », 1992, j'ai abouti le processus en opérant picturalement la disparition de la silhouette anthropomorphique. L'homme apparaît dispersé dans les éléments : l'eau, le feu, l'air, la terre. Son corps est encore présent mais par sa seule géométrie, une géométrie cellulaire, neuronale. Les toiles sont titrées *Fragments I*, *Fragments II*, *Fragments III*, etc. pour indiquer justement à quel point l'identité humaine ne pourrait être qu'un fragment de l'univers. De ce rapport entre humanité et univers, entre silhouette humaine et espace qui l'entoure, entre identité et dispersion, sont nés, dans les années 2000, ce que je pourrais appeler mes autoportraits, ou plus exactement des autoportraits du vivant.

C'est dans la série des « Infinis » que, cherchant à montrer la genèse d'un objet fractal, j'ai commencé par utiliser, comme matrice, l'architecture graphique de mon propre visage (le modèle le plus disponible étant soi-même) pour propager cette architecture à des échelles différentes et sans limite sur toute la surface de l'œuvre. Même chose que le passage d'une simple fiche d'identité – une fiche anthropométrique – à une représentation de l'homme vu comme une arborescence illimitée.

Ce processus d'expansion m'a permis d'appréhender l'identité humaine de manière non finie et de redonner ainsi des possibilités de composition et de recomposition au vivant – et à la peinture.

Notes :

1. Exposition « Schizophrénies », galerie La Passerelle Saint-Louis, Paris, 1976.
   Préface du catalogue, Michel Schwab :
   « …De trop se savoir sans être !
   La politique des mass media véhicule les fantasmes
   Et les mythes propres à envahir l'individu.
   Elle est en même temps tout un programme viable
   Qui met en place des mécanismes défensifs.
   La conscience de cette perte d'identité
   Aboutit pour qui ne trouve pas d'exutoire
   Soit à la dissociation de l'être, soit à une fausse
   Solution radicale, le suicide.
   La sortie suicidaire par un vasistas trop étroit
   Signifie bien le suicide organisé d'une société
   Qui chosifie les personnes et personnifie les choses.
   Le peintre en rend compte non pas d'une façon anecdotique
   (Suicide récent d'écoliers en Bavière)
   Mais en surimpressionnant un vrai faux flou
   À un quotidien moins révélateur
   Mais d'autant plus dangereux. »

J... comme jeu/je

Jouer c'est d'abord parier... sur du virtuel, de l'invisible, de l'au-delà, et parfois même sur des fantômes.

Jouer c'est aussi entrevoir « quelque chose », une figure, un autre soi, un as gagnant, ou un roi mat, dans un autre espace-temps.

Artiste plasticien, je me suis intéressé au jeu en tant que figure de l'aléatoire. Le joueur est double, à la fois celui qui accepte de se soumettre au hasard et celui qui élabore des stratégies pour y échapper.

Il s'agissait pour moi de montrer « picturalement » l'ambivalence de cet homme-là qui est, en même temps, « jouet et joueur », figure changeante.

J'ai donc peint simultanément sur la toile non pas un joueur mais le joueur tel que le jeu le saisit, puis le met en mouvements dans l'espace de la toile où différentes strates de temps sont représentées. Il n'y a plus un joueur, et il n'y a plus un temps. Il y a des joueurs qui sont le même, et un temps qui est toujours autre. (1)

Ainsi la peinture peut-elle poser la question : à quel moment exact le joueur joue-t-il ? À quel moment exact le « Je » existe-t-il ?

Qu'il soit joueur de poker, de billard ou d'échec, j'ai diffracté sa silhouette et, dans l'esprit des recherches chronophotographiques de Muybridge, j'ai décomposé son mouvement en périodes successives, décomposé son temps en fractions, pour créer sur la toile un espace-temps rythmé : le joueur bouge ? À l'observateur de choisir la silhouette et le temps arrêté qui lui convient, le réel n'est pas uniforme, ni univoque, et dans le jeu il est encore davantage un espace incertain, flottant, un espace imprévu.

En diffractant le joueur en multiples – comme une préfiguration de mon travail sur le fractal –, mes toiles ouvrent de nombreuses lectures possibles et des champs d'interprétations et de spéculations où l'aléatoire peut régner en maître du jeu. Et une fois l'aléatoire en place, le Joueur, le Je, et celui qui Observe peuvent se rejoindre dans le même aléa existentiel.

Notes :

1. Les peintures appartiennent au cycle des « Identités ».

2. La toile sur le Jeu intitulée *Marcel Duchamp* (1981) est un hommage au *Joueurs d'échecs* (1911) de Marcel Duchamp. Marcel Duchamp, lui-même joueur de l'équipe de France dans les années 1920, fera finalement du jeu d'échecs son activité principale aux dépens de l'art.

K... comme kaléidoscope

La vision kaléidoscopique pose la question de la forme comme accident de la matière. L'être n'est que virtualité !

Dans la série de tableaux regroupés sous le titre « Puzzles » (1) mes peintures ont la structure, l'architecture d'un patchwork, d'une mosaïque où la figure est à reconstruire, à retrouver. La problématique de la disparition du sujet par fractionnement de l'image, de la surface qui se morcelle en éclats d'aspects identiques, est au centre de ces œuvres.

En présentant l'image comme un rébus à décoder, une énigme à résoudre, le spectateur doit se faire enquêteur, identifier tous les éléments qui participent à l'ensemble et surtout reconstruire la combinaison qui fera apparaître à nouveau la figure. La tâche est d'autant plus complexe que tous les éléments du puzzle, les fractions, sont imbriqués les uns aux autres dans un continuum où la lumière se pose de manière indifférenciée sur telle ou telle facette de la surface du tableau.

Abstrait et figuratif à la fois, le tableau peut apparaître comme un ordre primordial, une origine du monde, et c'est par une recherche de forme, de sens, une opération ludique autant qu'un questionnement sur la présence de l'humain dans le monde, que le spectateur pourra saisir, l'espace d'un instant, le reflet d'une centralité humaine et son signe le plus ancien : la silhouette anthropomorphique.

Notes :

1. *Les Puzzles* (1994) font partie de la série « Les Corps recomposés »
Les Puzzles *Ecce Homo*, *Mémoires d'Icare* et *Nageurs Miroirs* sont présentés dans le catalogue « Fractalisations » réalisé à l'occasion de l'exposition du groupe « Fractalistes » au centre d'Art de la Villa Tamaris, La Seyne-sur-Mer, 1998.

L... comme labyrinthe

Dans les labyrinthes classiques, que ce soit celui de la mythologie grecque, du Moyen Âge, ou le labyrinthe maniériste postmédiéval, il y a toujours une entrée, un centre, une sortie, et comme guide, fil d'Ariane, une géométrie euclidienne qui pose les repères et facilite l'itinéraire.

Aujourd'hui, aucun de ces labyrinthes ne peut représenter la haute technicité et complexité du monde qui nous entoure, et ni Euclide, ni Ariane ne peuvent nous guider à l'intérieur d'un itinéraire labyrinthique qui ne possède plus ni entrée, ni centre, ni sortie.

C'est en ce sens que, dans mes œuvres, j'ai figuré le labyrinthe à l'image d'un rhizome, c'est-à-dire d'une structure de réseaux illimités (sans centre, ni sortie, ni dedans, ni dehors), et dont les éléments peuvent se connecter, déconnecter et reconnecter de manière aléatoire, et à l'infini, exactement comme dans le monde réel avec sa multitude d'informations circulantes dans les réseaux. C'est aussi à l'image de l'esprit humain qui, sans cesse, au cœur de cette complexité, doit opérer des choix, des bifurcations et des changements de stratégie.

À l'intérieur de mes créations, les éléments, les fractions se développent en réseaux qui, en se densifiant à l'infini, forment une structure, une toile.

Ainsi, plastiquement, par son aspect maximaliste, l'œuvre accède au vertige fractal. Pour surmonter la sensation qui en résulte, le spectateur devra s'engager dans le labyrinthe en suivant sa propre inspiration, son propre imaginaire, et seule la volonté de son regard pourra trouver une résolution formelle et donner un sens à l'image.

Le jeu commence : le spectateur devient acteur et compose une forme, une image, un ordre, de manière subjective. Cette composition, cette figure qu'il entrevoit reste virtuelle et vient accroître les possibilités de l'œuvre. Le spectateur participe ainsi à ce cycle sans fin : désordre, ordre, désordre...

Parcours ludique, parcours initiatique. Dans ce jeu de va-et-vient, d'aller-retour, le spectateur découvre les métamorphoses, les anamorphoses de combinaisons, de cristallisations formelles sitôt vues, sitôt disparues, tel le principe de l'éphémère.

C'est à travers cette expérience, cette expérimentation, que le spectateur va pouvoir appréhender l'univers fractal où les frontières s'abolissent entre le réel et le virtuel, entre l'humain et le post-humain. Il pourra vagabonder dans une géométrie de fragmentations, de plis et replis, sur le modèle de la spirale, du tourbillon, du flux, dans un espace-temps reformulé, comme un retour à soi, sur soi, et vers de nouvelles identités.

M... comme métamorphoses

Peindre est la première métamorphose. Depuis le début, il me semble que mon œuvre n'est qu'une suite de rebonds de ce principe de création, de ma création : une création-métamorphose.

Trois grands cycles, trois géométries fondamentales – géométrie de l'excès hyperréaliste, géométrie du jeu de la complexité, et géométrie fractale – rythment mon parcours, mais ces trois géométries ne sont ni des ruptures ni des points d'évolution, elles sont comme des arrêts sur image d'un film en continuelle réalisation et permanente métamorphose.

La mise en place de ces différentes géométries m'a permis de fixer visuellement différentes potentialités du vivant, différentes transformations, transmutations.

Aujourd'hui, j'ai fait de la démarche fractale un outil puissant de recherche et de découverte qui me permet d'intégrer les paramètres de notre époque, ses phénomènes d'accélérations et de désordres chaotiques.

Comprendre le réel, le représenter – je suis fondamentalement peintre –, c'est composer, mettre de l'ordre dans ce chaos-là.

En présentant, dans mes œuvres actuelles, cette nouvelle perspective du monde, non linéaire, proche de l'image du réseau Internet, dans laquelle le temps est au cœur, je montre que la représentation des choses ne se limite pas à leur contour, mais s'étend à leur rapport avec leur environnement le plus lointain comme avec leurs composants les plus infimes.

Le temps d'une métamorphose...

En 1998, j'ai investi le chœur de l'abbaye du Ronceray (1) avec une série de tableaux sur le mythe d'Icare.

Les corps démultipliés d'Icare sont suspendus en équilibre dans l'espace ; ces tableaux-sculptures sont pris dans un enroulement où la figure d'Icare, selon le principe fractal, se développe sans fin. Icare est à la fois celui qui s'élève et celui qui tombe. Par essence, son mouvement est donc perpétuel. Icare s'enroule dans une spirale où il peut se mouvoir, s'envoler, chuter, puis s'envoler à nouveau. Dans une spirale, où est le haut ? Où est le bas ? Où est l'envol ? Où est la chute ?

Où est Icare ?

Par la démultiplication de sa silhouette aux quatre membres déployés, Icare est devenu « Pégase », cheval volant.

Pégase, figure mythique, a donc été composé avec un autre mythe, celui d'Icare. Ce glissement, ou plutôt cette métamorphose d'un mythe en un autre mythe, oblige à un nouvel imaginaire. La figure ainsi créée, mi-animale, mi-humaine, par sa double configuration renvoie à l'incertitude ontologique de toute identité, fut-elle mythique. (2)

Métamorphoses, hybrides et autres mutations par Lélia Mordoch (3)

L'Homme et le Papillon voisinent dans les œuvres fractales de J.-C. Meynard. L'homme papillonne dans la pensée de l'infini qui l'a précédé et de l'infini qui lui succédera, maillon perdu d'une chaîne qui n'en finit plus.

J.-C. Meynard a certainement eu un ancêtre fakir. Vous aussi. Il est probable que nous ayons des ascendants de toutes les couleurs. D'aucuns disent même que nous descendons du singe. Que J.-C. Meynard figure l'homme, des poissons ou des papillons, il les projette dans des passés et des futurs aléatoires. Il n'est jusqu'au triangle qui ne donne le vertige.

Au stable, il préfère l'instable, le mouvement qui déplace les lignes.

Le long d'une médiane médite une figure, il n'y a aucune raison pour qu'elle s'arrête, bien sûr il y a le cadre, mais l'imagination l'éclate et guide au-delà du tableau… Bon voyage.

Notes :

1. Abbaye du Ronceray, Angers, France.

2. « Pégase » appartient au « Bestiaire fractal », 2014.

3. Lélia Mordoch, fondatrice de la galerie Lélia Mordoch, Paris, France.

Pégasus
2014

Impression numérique sous plexiglas – 120 x 160 cm.

N... comme néobaroque et fractal

Le baroque et le fractal ont en commun un certain nombre de caractéristiques. L'un comme l'autre travaille sur le mouvement, ses turbulences, ses lignes de force basées sur la courbe, la spirale, l'arabesque, et toujours cet aspect irrégulier des formes qui les rendent si difficiles à cerner, à délimiter, à définir... Les formes échappent au regard, elles vibrent, elles vivent.

Baudelaire haïssait le mouvement qui déplace les lignes et voyait dans l'immobilité marmoréenne un des signes de la beauté. *A contrario*, baroque et fractal fuient ce rêve de pierre et travaillent la beauté sous le signe du désordre, du mobile, du turbulent, de la contorsion... Rien n'est fixe, le motif n'est qu'une étape, un instant dans un mouvement constant de recomposition... et rien n'est simple parce que, sans cesse réitéré, le motif finit par générer un excès de formes qui, par leur complexité, modifie alors le sens même du motif. Il en résulte une impression de brouillage qui fait passer la représentation d'une figure précise, repérable, à une figure plus difficilement identifiable, difficilement discernable. Dans certaines configurations, une sensation de métamorphose se fait jour comme si la figure, instable, devenait une autre.

J'ai travaillé sur ce phénomène dans ma série « Métamorphoses, hybrides et autres mutations... » en explorant l'un des mythes de notre époque : l'homme multiforme dans un monde en mutation – ou l'homme mutant dans un monde multiforme, l'inversion du principe, son retournement, rendant compte, *ad libitum*, de l'interdépendance des deux : l'homme et son environnement.

Pour mettre en place, en figuration, ce visuel, j'ai eu recours à une manière familière au baroque comme au fractal qui est de présenter une œuvre, une composition « en train de se faire », « un *work in progress* » qui permet d'emmener le spectateur là où la naissance, la maturation puis la mort ou le renouvellement se font. En quelque sorte le faire assister à un double « *in vivo* », c'est-à-dire mon travail de création en train de se faire et le travail du vivant en train d'avoir lieu. Dans les deux cas, il s'agit pour moi de « figurer » le mouvement comme la figure même de la vie.

Cependant, dans le mouvement, le passage d'un état à un autre, se pose la question de la permanence du sujet.

Ce questionnement sur la permanence, j'ai essayé de le représenter dans l'une de mes œuvres, justement nommée *Interrogation fractale*. Au centre de l'œuvre s'enroule un immense point d'interrogation. Sa spirale, comme une matrice, encercle des silhouettes humaines naissantes qui se déploient. De part et d'autre de ce point d'interrogation, d'autres silhouettes circulent, s'éloignent vers l'infini… vers une disparition ? Ou reviennent vers la matrice… pour y renaître ? Ce va-et-vient du vivant, comme un balancier rythme le temps et l'espace.

O... comme origami ou le pli

L'origami est, *stricto sensu*, un art du pliage qui consiste, en partant d'un seul carré de papier, à réaliser par une succession de plis toutes sortes de modèles, figuratifs ou non.

L'origami est un jeu de démultiplication des dimensions, des perspectives, à partir d'un espace limité, c'est une habileté, une prouesse pour insérer de l'infini dans du fini.

L'origami est un révélateur : dans une feuille de papier, dans une surface uniforme, d'apparence lisse, se cache une multitude de plis, d'angles, d'anfractuosités, se cache un territoire insoupçonné.

C'est sur ce territoire que j'ai travaillé, sur cet « espace caché », cette dimension secrète du réel. *A priori*, rien n'est plus ordinaire, simple, mesurable, qu'une feuille de papier, et pourtant, pour jouer avec l'infini, il suffit de plier !

En ce sens, on retrouve des similitudes entre les origamis et les figures élaborées à partir de la géométrie fractale. Dans les deux cas il s'agit de redimensionner le réel puisque chaque pli, chaque arête, crée deux versants d'une même réalité, le visible et le caché, l'intérieur et l'extérieur.

Avec le fractal, la démultiplication de ces plis finit par faire disparaître les contours précis des figures. Et cette prolifération d'arêtes, de lignes, crée un brouillage de la forme et remet en question sa visibilité, sa définition, presque sa réalité.

Plis et replis, visibles et invisibles créent aussi une trame, comme un tissu où la profusion des pleins et des vides peuvent draper (aujourd'hui on dirait mapper) une architecture et faire apparaître une figure, puis une autre, une autre encore…

Entre ombre et lumière, pliage et dépliage, je cherche à faire appréhender, ressentir une certaine « élasticité des corps » qui change, mute en permanence.

En 2006, pour ma série « Méta ou l'Espace recomposé » j'ai expérimenté pour ainsi dire « *in vivo* » les espaces possibles créés par ces quadrillages, ces pliages et dépliages. Dans l'espace classique d'une galerie d'art, j'ai présenté mes œuvres en en démultipliant les dimensions et les perspectives hors du champ convenu du tableau. Sous forme de collages sérigraphiés, j'ai fait se propager en continu les géométries de plis et déplis de mes œuvres, sur tous les murs de la galerie et aussi dans l'espace de la rue... Images proliférantes de plis à deux versants du réel : dedans-dehors, intérieur-extérieur. (1)

Jeu de cache-cache où le visiteur pouvait passer d'une forme à l'autre, d'un état à l'autre en suivant, comme un funambule sur son fil qui domine son vertige, son propre réel, autrement dit son propre imaginaire.

Notes :

1. Exposition « Les Corps fractals », galerie Maretti, Monaco, 2006.

P... comme parcours

La totalité de mon œuvre, de l'hyperréalisme à la géométrie fractale et à l'art numérique, est axée sur l'exploration de la complexité du réel et la mise à jour d'univers géométriques où s'inscrit la figure de l'homme, son identité et ses fluctuations entre permanence et disparition.

À travers ces différentes factures et quel que soit mon mode opératoire – créations picturales, sculpturales, scénographiques, numériques – ou l'outil que j'ai utilisé, le pinceau, l'ordinateur, l'architecture de plexiglas, la découpe laser, j'ai voulu regarder le monde d'une manière non finie pour redonner des possibilités de composition et de recomposition, donc de vie.

Par commodité, la critique a eu pour habitude de classer mon travail en quatre grands cycles : Les Identités (1973-1980), Les Corps (1980-1992), L'Homme fractal (1992-2012) et Les Métamorphoses (1992 à nos jours). Et elle a dégagé de ces quatre cycles des figures iconiques précises, comme ces premières « Identités » où l'homme évolue d'une netteté exemplaire jusqu'au flou du questionnement existentiel ; puis « Les Corps » où les silhouettes humaines se construisent et déconstruisent dans un incessant renouvellement, puis « L'homme fractal » à la fois rébus et puzzle, et aujourd'hui le grand cycle des « Métamorphoses » où l'identité humaine se déploie en des corps nouveaux…

Ces reformulations picturales de l'homme, que j'ai menées de la figuration hyperréaliste jusqu'au fractal, rythment mon œuvre et en même temps induise un trouble, un questionnement : comment un plasticien peut-il passer de l'hyperréalisme au fractal ? Simplement en ayant toujours eu une approche fractale du monde. Ainsi, lorsque j'ai signé le Manifeste fractaliste en 1997, j'ai eu la sensation de retrouver mes préoccupations originelles. En effet, depuis mes débuts en 1975, mes créations appartenaient déjà à la vision fractale, particulièrement mes œuvres hyperréalistes avec leur excès d'informations menant au vertige, ou mes séries sur la Schizophrénie et le Jeu où les présences humaines étaient peintes démultipliées à l'identique et à l'infini. Dès le début, ma peinture a interrogé la complexité, sa surabondance, son chaos, et son aléatoire, mais c'est avec l'outil numérique qui j'ai pu approfondir et rendre plus visible mon exploration de la représentation fractale.

C'est en ce sens que la chronologie de l'œuvre, telle qu'elle est présentée ici, n'est pas judicieuse. Expliquer mon œuvre par ses époques successives est une commodité mais aussi une erreur car on aura la sensation de ruptures.

En 2010, pour une exposition rétrospective au centre d'art Villa Tamaris qui regroupait 35 années de peintures, il avait été décidé d'organiser la scénographie, non de façon chronologique mais en mêlant les époques, donnant ainsi à voir les correspondances, les échos visuels et les résonances picturales qui parcouraient la totalité de mes œuvres, ainsi que certains effets d'hybridation entre les œuvres elles-mêmes.

Par la suite, ces effets d'hybridations, virtuels dans l'exposition, ont été matérialisés et exposés sous l'intitulé plus général : « Métamorphoses, hybrides et autres mutations… »

Depuis, j'ai élargi ce concept de Métamorphoses à la figure animale en créant un Bestiaire fractal à partir d'algorithmes de silhouettes humaines déjà présentes dans mon œuvre, ce qui pour moi venait confirmer la dynamique même de mon parcours de plasticien : à savoir composer une œuvre qui s'autoressource et se métamorphose.

Ce Bestiaire fractal a donné lieu à deux films *L'animal fractal que je suis* et *Infinies Métamorphoses*.

Pour la première fois, ces films ont traité visuellement de mon œuvre en tant que métamorphose permanente.

Q... comme quatre-vingt-dix-neuf

En 2004, pour une monographie consacrée à mon travail, j'ai créé une édition de tête avec 99 œuvres originales sous plexiglas qui furent chacune insérées dans un livre-coffret numéroté de 1 à 99.

Cette édition, intitulée *Les 99*, avait pour but de présenter, à la façon d'un lexique visuel, un ensemble de figures complexes issues d'un même radical : le fractal.

Il s'agissait donc d'imaginer le fractal comme une langue avec ses éléments constitutifs : vocabulaire, syntaxe, règles et irrégularités, et langue vivante, avec ses extensions et enrichissements.

Bref, il s'agissait, visuellement, d'écrire fractal.

Dans mes œuvres, le lexique existait déjà sous forme de représentations récurrentes : espaces, ondes, connexions, cristallisations, cubes, plis, empreintes... et la syntaxe aussi, avec ces règles spécifiquement fractales que sont les répétitions des mêmes motifs à des échelles différentes par ajout de préfixes, suffixes, déclinaisons possibles et lignes infinies comme autant d'excès d'informations nécessaires à cette langue... Quant aux règles et irrégularités, la phrase fractale était là, bien vivante, avec son chaos, ses réseaux et ses systèmes proliférants, ses puzzles et ses effets papillon...

Restait maintenant à raconter une histoire – fractale. C'est donc l'histoire de 99 tableaux qui, en langue fractale, expriment la complexité du monde, et qui, chacun inséré dans le récit plus grand d'une monographie racontant à son tour la complexité du monde, vont, comme des poupées russes, 99 fois reformuler l'histoire de cette complexité avec une silhouette humaine infiniment multipliée en figures iconiques : *Scribes*, *Nageurs*, *Icares*, *Ecce Homo*, *Clones*, *Pharaons*, *Hommes qui marchent*... et portraits de l'artiste par lui-même, pléonasme en clin d'œil au chiffre palindrome : 99 !

R... comme rébus

À travers mes œuvres, j'ai cherché à rendre visible l'énigme que propose la complexité du réel et, certaines fois, pour mieux y parvenir, j'ai créé des rébus. Les images, les lettres, les chiffres, les ponctuations d'un rébus nous signifient deux choses : il y a une énigme et, incluse, il y a la résolution de l'énigme.

Un rébus oblige à rejoindre un monde imaginaire où le spectateur-lecteur-décrypteur devient rêveur face à ces multiples codes qui créent une écriture nouvelle pour un récit inédit, une histoire à déchiffrer.

Devant un rébus, nous sommes tous des Champollion. Et le génie de Champollion a été « de ne pas en croire ses yeux » et devant un dessin de dire : « Ceci n'est pas un dessin. » Il lui fallait dépasser la première vision et trouver la bonne dénomination : « Ceci est un son. »

Pénétrer dans la complexité du réel c'est comme pénétrer dans un labyrinthe souvent contradictoire et codé différemment.

Une figure en cache une autre ou en appelle une autre.

Pour explorer ces nouvelles définitions du réel, il m'est arrivé de revisiter certaines de mes œuvres en les mixant avec d'autres œuvres d'époques et de factures différentes, mêlant, par exemple, des toiles hyperréalistes avec des toiles issues de mes séries sur la complexité et des compositions fractales.

Ainsi, au cours d'une exposition (1), j'ai réalisé une hybridation virtuelle entre trois œuvres : *L'Escalier* de 1976, *Les Icares* de 1998, et le *Moucharabieh* de 2005.

La lecture de ces trois œuvres a cessé alors d'être linéaire pour devenir zigzag – saut temporel, avant arrière, arrière avant – comme un champ de récréation, de recréation donnant à voir plus et autrement et proposant un rébus à déchiffrer.

Rébus visuel, évolutif, permutable, rébus fractal à la construction sans limite et, par là même, au processus sans fin. Il y avait là une proposition faite à l'imaginaire de chacun, la possibilité de choisir sa perspective, d'inventer son histoire.

Petit dialogue imaginaire : « C'est l'histoire d'un peintre qui, dissimulé derrière un moucharabieh, dessine un homme étendu mort en bas d'un escalier en spirale, quand soudain cet homme ressuscite en Icare et se met à tournoyer dans une nef d'église… » « Mais non, pas du tout ! C'est l'histoire d'un peintre qui emprunte chaque jour un escalier en spirale et qui, un mauvais jour, fait une chute, tandis que ses œuvres sur le thème d'Icare sont exposées dans une église… » « Absurde ! C'est l'histoire d'Icare lui-même qui, à la fois, s'envole et s'écrase, tandis que sur un moucharabieh des personnages, assis à la façon des scribes, écrivent justement cette histoire-là… »

À vous de choisir. Ou de déchiffrer autre chose.

Libre fractal !

Notes :

1. Exposition au centre d'art de la Villa Tamaris, la Seyne-sur-Mer, Var, France, 2010. Cette hybridation virtuelle a été nommée « Rébus fractal ». Elle est expliquée plus en détail à la lettre « H » de l'Abécédaire, le texte sur les Hybrides.

S… comme simultanément

Montrer dans une œuvre, simultanément, le micro et le macro, l'avant et l'après, le loin et le près ? Mettre en lumière un réel disjoint, déjà disparu, ou un virtuel en construction, ou les deux en même temps ?

Ce genre de questionnement est présent dans mon travail depuis longtemps, depuis mes premières œuvres hyperréalistes où je peignais chaque figure, chaque forme, chaque détail avec la même précision, la même netteté, comme si le réel pouvait s'abstraire des coordonnées classiques de l'espace et du temps. Il y avait là une abolition visuelle de la perspective, un effet volontaire pour faire ressentir aux spectateurs la réalité tout entière au même niveau de présence, de densité. Et, étrangement, nul ne s'est jamais inquiété de l'irréalité de cette réalité-là. Nous étions dans les années soixante-quinze, la vidéo venait de voir le jour et on pouvait se filmer en se regardant « simultanément » sur un écran de télévision…

Aujourd'hui, avec le numérique, nous avons des outils qui nous permettent, sinon d'abolir, pour le moins de jouer avec ces notions d'espace et de temps. Il nous est familier de pouvoir communiquer, en audio ou vidéo, sans souci de distance, sans ressentir l'éloignement, la séparation. Nous pouvons être en même temps ici et là-bas, aujourd'hui et demain, multitemporels et multidimensionnels, appartenir à d'autres espaces et d'autres temps, nous retrouver sur le même plan, sur le même écran, et finir par pénétrer dans un univers transdimensionnel.

Le réel n'est plus uniquement le résultat d'une pensée rationnelle, il peut aussi provenir d'une démarche plus intuitive, plus émotionnelle, qui met en place et en action des figures, des chimères, des fantasmagories tout droit sorties d'un travail de l'imaginaire.

Il y a des voyages comme ceux de Gulliver, où l'homme, tour à tour et en même temps, Géant et Lilliput, doit reconsidérer sa condition, sa réalité fluctuante entre l'infiniment petit et l'infiniment grand. Un homme à vocation mutante. Un homme 2.0.

T... comme territoires

Avec les nouvelles technologies et les outils numériques, le temps et l'espace ont vu leur signification changer. Avec la vitesse des flux d'informations, la vitesse des transferts de données, la vitesse des calculs, « aussitôt dit, aussitôt fait », notre perception de la réalité s'est modifiée, métamorphosée comme figure changeante de nuages soumis aux caprices du vent.

Les territoires, comme des cadres d'investigation, ont vu leurs frontières, leurs séparations catégorielles devenir obsolètes et ne plus correspondre à notre approche du réel.

Un territoire pouvait se définir comme un espace délimité et mesurable sur lequel on avait laissé une trace, une empreinte, un dessin pour lui donner une identité. Pour ainsi dire, le territoire était fixe, repérable.

Aujourd'hui, le dedans, le dehors, l'intérieur, l'extérieur sont des notions devenues imprécises. Dans un espace en constante expansion, les lignes bougent, se meuvent, s'effacent, se recomposent. Les tracés, les contours, deviennent des passages dans l'espace, des mémoires dans le temps.

Cette nouvelle appréhension des territoires au sein d'un espace-temps en mouvement, je l'ai rendue « visible » dans les années quatre-vingt-dix avec ma série « Corps et âme ». (1)

Dans cette série, j'ai créé une cartographie où l'homme perd son contour, sa ligne organique. Figure dissociée par la séparation picturale du dessin et de la couleur, l'homme se meut désormais dans un espace qui, à la fois, le contient et le libère en gommant ses limites.

Ce partage de l'espace m'a permis de montrer le processus de création de la forme : cette tension dialectique qui lie constamment l'un au tout, l'homme à l'univers.

Ainsi, ce que l'on perçoit de la réalité n'est plus que la trace d'une suite d'instants, d'instantanés, de prises de vues que l'on garde en mémoire comme des repères pour écrire, dessiner, continuer l'histoire.

C'est avec ce nouvel algorithme de continuum de figures en mouvement et de leurs silhouettes que la nature même des formes entrevues est à redéfinir sans cesse. Dans l'ordre du vivant, chaque domaine, humain, animal, végétal, devient un puzzle à recomposer.

Notes :

1. Exposition « Corps et âmes », galerie Lamaignère Saint-Germain, Paris, 1990.

U… comme utopie

« Quelle chimère est-ce donc que l'homme ? Quelle nouveauté, quel monstre, quel chaos, quel sujet de contradiction, quel prodige ! » (1)

Si l'homme est un lieu de contradictions, du chaos au prodige, un lieu de métamorphoses, de la chimère au monstre, pourrait-il devenir un jour un lieu d'idéal ? Un lieu d'Utopie ?

Cette complexité de l'homme, écho de la complexité du monde, cette difficulté à le définir, à le figurer, a été l'axe majeur de mon travail pictural, et la création de géométries particulières m'a permis de mettre à jour des figures iconiques possibles : l'homme hyperréaliste, l'homme flou du questionnement existentiel, l'homme-puzzle, l'homme neuronal. Au sein de la complexité du monde, l'homme se reformule, reformulation picturale qui a rythmé mon parcours.

Avec la géométrie fractale, j'ai présenté, notamment dans la série des « Infinis » (2), de nouvelles cartographies de l'homme au sein de perspectives non linéaires, proches de l'image du réseau Internet. J'ai montré que la figuration de l'homme ne se limitait pas à son contour, à ses limites, mais s'étendait à son environnement.

Avec l'assistance de l'outil ordinateur et grâce aux technologies numériques, j'ai pu figurer l'homme dans sa nouvelle configuration d'homme augmenté aux connexions démultipliées et, avec un habillage redimensionné, j'ai pu faire apparaître sa réalité d'aujourd'hui faite d'hybridations, de croisements d'identités, de figures paradoxales.

Quelle chimère est-ce donc que l'homme augmenté ?

Le vivant, à l'image des réseaux, est une arborescence, et l'homme augmenté est un moment de cette arborescence. Il est un minuscule espace-temps situé sur des parcours et ramifications infinies mais il peut choisir l'embranchement.

À l'embranchement se situe sa liberté possible.

L'utopie est là.

Notes :

1. Blaise Pascal, *Les Pensées*, p. 257.

2. Catalogue Joël Stein et Jean-Claude Meynard, exposition « Les Infinis », galerie Lavignes Bastille, Paris, 2001.

V... comme vertige

Entre l'infiniment grand et l'infiniment petit, l'homme est pris de vertige, le vertige de sa condition même : être situé dans un espace-temps incertain, aléatoire, et au final disparaître.

Comment rendre compte picturalement de ce vertige ?

Montrer l'être ? Montrer l'espace-temps qui nous entoure ? Montrer le vertige ? Et, surtout, par quel bout prendre la condition humaine ?

L'homme, sa silhouette, a toujours été au centre de mes créations, il en est le point fixe. En apparence ou transparence, il est toujours là, même quand sa figuration anthropomorphique a disparu, comme dans ma série « Échos » (1992) où la silhouette humaine est peinte dispersée au cœur des éléments, l'eau, le feu, l'air et la terre. Le corps est encore présent, mais par sa seule géométrie cellulaire. Il y a là la représentation d'un vertige, en quelque sorte, accompli, résolu, avec disparition du repère, de l'être, du graphe humain.

Cette série « Échos » est le seul moment de mon œuvre où j'ai peint, *stricto sensu*, un vertige que l'on pourrait dire existentiel dans la mesure où il réalise la disparition du corps.

Sinon, dans mes autres créations, le corps est permanent, il est même l'élément essentiel qui permet de circuler dans un univers qui, lui, bat son plein de vertiges.

Avec le numérique, l'exploration de l'infiniment grand et l'infiniment petit s'est accélérée, mais la problématique reste la même : créer des repères dans un monde en expansion permanente.

À l'art géométrique a succédé, comme il se doit, l'art numérique.

Qui dit numérique, dit numéro, algorithme, succession, évolution : fractales.

En utilisant cette dernière géométrie des fractales, j'ai représenté l'homme en continu, circulant dans l'infini qui l'a précédé et dans l'infini qui lui succédera. Il est le maillon de la permanence dans une chaîne de l'évolution qui n'en finit plus comme on peut le voir dans mes *Babel* ou dans mon *Escalier fractal.*

Dans toutes ces nouvelles galaxies, ces nouveaux univers, et ces multivers que l'on suppose, l'homme reste le seul témoin qui, même instable et éphémère, peut à travers l'art, la création, l'imaginaire, répondre au vertige de notre questionnement : Qui sommes-nous ? D'où venons-nous ? Où allons-nous ?

World
2010

Sculpture, diamètre Ø 260 cm
4 panneaux croisés en aluminium découpé, montés sur 4 arceaux et socle en acier.

W... comme *world*

La World *est une sculpture sphérique reposant sur un berceau d'acier et dont le corps est constitué par un seul et unique algorithme de silhouettes humaines solidaires. Sa forme ronde et structurée en 4 panneaux d'acier croisés évoque une boussole, une boussole avec un seul et unique point cardinal : l'Homme...*

Cette sculpture appartient au cycle des « Babel », série d'œuvres monumentales commencées en 2007 et qui sont l'aboutissement d'une réflexion sur le thème de Babel en tant que représentation fractale d'un certain état du monde, d'une certaine configuration.

L'architecture de Babel, conçue pour atteindre le ciel, est par destination une construction sans limites, de nature infinie. Mais elle est également une construction sans plan, ni modèle préétabli, puisque le jour où les hommes ne se comprirent plus, faute d'avoir un modèle, un schéma, un motif à quoi se référer, ils stoppèrent leur construction.

J'ai eu envie de revoir cette construction fractale, d'en proposer une configuration différente, et par là, de bousculer le mythe... en imaginant que les hommes, qui avaient construit Babel comme une architecture infinie de pierres, devenaient Babel, elle-même, une architecture infinie d'hommes.

Pour cela j'ai conçu une matrice particulière, un fractal de silhouettes humaines solidaires qui, répliqué, démultiplié, a fini par ressembler à des signes graphiques – à une ligne d'écriture. (1)

D'abord travaillé sous forme d'un motif noir et blanc, ce fractal est rapidement devenu le signifiant même de Babel, son algorithme, son ADN à partir duquel j'ai pu penser les futures sculptures.

Alors que Babel est une construction humaine inachevée pour cause de désunion, j'ai réalisé une Babel unifiée par ce seul et unique motif : ce fractal de silhouettes humaines dont la répétition, *ad libitum*, compose une écriture... Ainsi les hommes deviennent des phrases infinies, une chaîne d'humanité appartenant aux mêmes signes.

Cette nouvelle figuration de Babel a été déclinée sous quatre formes géométriques emblématiques : la Sphère, la Tour, la Pyramide, et le Rectangle de verre.

Notes :

1. Voir le texte « La Matrice de Babel » de Lubica Gorcsosova dans la deuxième partie : Pour suivre – chapitre « Fractal ».

X... comme inconnu

Devant l'inconnu, devant X, il y a deux comportements possibles : le classer (classer sous X) c'est-à-dire l'oublier, ou bien mener une enquête pour découvrir sa fonction, la fonction de X.

Premier indice : si la nature a horreur du vide, on peut dire que l'humanité a horreur de X, c'est un inconnu qui l'inquiète : « D'où venons-nous ? Qui sommes-nous ? Où allons-nous ? »

Deuxième indice : élaborer des théories pour résoudre X est certainement une activité commune à toute l'humanité. Les recherches scientifiques rationnelles comme les intuitions poétiques se rejoignent pour travailler sur X. De Nostradamus à Orwell, en passant par Leonardo da Vinci, Jules Verne, jusqu'à « Matrix », les enquêtes n'ont jamais cessé d'être menées. La recherche de X est passée par la réalité, par le rêve, elle est allée du rationnel de la science à l'intuition de la science-fiction, à la poésie.

Dernier indice : l'art s'intéresse à X.

Au même titre que la science, l'art est un outil de connaissance et s'il s'intéresse à X c'est évidemment parce que X, l'inconnu, est un paramètre nécessaire à la création, à la continuité de la création.

Que fait un artiste ? Comme un homme de science, il cherche, fouille, interroge ce qu'il voit et ce qu'il ne voit pas, travaille au-delà des apparences et contre les certitudes.

Il est communément admis que l'intuition est du côté de l'artiste et le rationnel du côté du scientifique, alors que beaucoup de découvertes se sont faites sur la base d'une intuition et que les artistes d'aujourd'hui utilisent des outils similaires à ceux des chercheurs (ordinateurs, scanners, photos numériques...).

En fait, les artistes, comme les scientifiques, sont attirés par le même X, l'inconnu, l'inconnu qui les attire comme un aimant et les conduit à l'audace, la folle audace de chercher, d'inventer, de créer. On peut les imaginer tous les deux, l'artiste et le scientifique, pareils aux voyageurs de Baudelaire, prêts à plonger au fond de l'Inconnu pour trouver du nouveau...

Y… comme l'homme qui marche

Loin de *L'homme qui marche* d'Alberto Giacometti, une silhouette fragile en Y inversé qui, pieds dans la glaise, incline son buste en avant pour gagner de l'énergie, et marcher…

Loin de *L'homme qui marche* de Rodin, un corps en fragments, sans tête ni bras, jambes massives plantées au sol et pied levé.

Loin de ces deux piétons considérables.

Dans les années quatre-vingt-dix, je me suis intéressé à la représentation de ce que pouvait être, dans un univers fractal, un homme « fractal ». La mise en place de cette figure a commencé par une vision dominante : l'homme fractal est, par essence, un homme qui marche, qui parcourt les réseaux, et qui, même à l'arrêt, en pause, immobile, se trouve animé, mis en mouvement par tous les algorithmes qui, à la fois, le composent et composent son environnement. C'est en ce sens que j'ai peint mon premier homme qui marche, une stature d'homme, un homme de dos, mains croisées à l'arrière… il est au centre de la toile, on ne voit pas son visage, on ne voit pas son front, à quoi pense-t-il ? Pense-t-il ?

Cette première représentation, je l'ai intitulée *Pharaon* (1) pour en signifier, à la fois, l'énigme et la pérennité. Par la suite, ce marcheur est devenu une sorte de référent présent dans la plupart de mes réalisations fractales ; je l'ai dessiné, logotypé, connecté à tous les tracés, parcours et bifurcations qu'il emprunte ; marcheur nomade, je ne lui ai attribué aucun lieu fixe, mais des lieux de transit, de déambulation, et même parfois des lieux de disparition.

Pour cet *Homme qui marche* j'ai travaillé sur deux lieux majeurs et à son image : le Labyrinthe et l'Escalier. Deux espaces dans lesquels il circule en connexion totale – existentielle – avec l'univers qui l'entoure. Ainsi, c'est sans fil d'Ariane qu'il arpente le labyrinthe, puisque lui-même est labyrinthe. Et c'est sans état d'âme ni essoufflement qu'il monte et descend infiniment un escalier sans fin, puisque lui-même est marches et contremarches.

L'Homme fractal, celui qui marche, est à l'image du monde, construit avec les mêmes arborescences, issu des mêmes informations, des mêmes réseaux, emportés par les mêmes flux. Il est aussi une représentation symbolique, entre logotype et pictogramme, de l'intelligence humaine qui, au sein de la complexité, doit sans cesse opérer des choix, emprunter des chemins, bifurquer, changer de stratégie…

Notes :

1. *Pharaon* appartient à la série des « Scribes et pharaons, dans les Corps recomposés », 1994.

Z… comme zooms

Le zoom, la focale, le flou, la netteté, la mise au point…

Peindre c'est déjà évaluer la distance avec le sujet que l'on veut représenter.

En gros plan ? En vue de loin ?

Comme le spectateur est un objectif à focale variable, il a aussi son rôle à jouer : s'approcher de l'œuvre pour en saisir les détails ou bien s'en éloigner pour avoir une vision d'ensemble, à moins que le peintre ne lui impose une distance qu'il estimera seule capable de rendre compte du sens de son œuvre.

Pour ma part, il s'agit de trouver la focale idéale pour rendre visible, lisible, la complexité de l'homme, écho de la complexité du monde.

Dans la série picturale intitulée « Le Radeau des muses » (1) où j'aborde le problème de la disparition de la présence humaine dans la peinture, j'ai justement imposé une focale particulière : le zoom arrière. Les corps des femmes, corps des muses, que j'ai peints dans un déferlement de petites touches, dans un maelström de matière, ces corps ne peuvent être vus qu'en prenant du recul, en s'éloignant des tableaux, en opérant un zoom arrière.

De manière inverse, dans la série des « Échos » (2), les silhouettes humaines sont présentées dispersées, fractalisées au cœur des éléments, la terre, l'eau, le feu, l'air ; les corps sont encore présents mais sous forme de géométrie cellulaire, neuronale. Je propose cette fois au regard un zoom avant vertigineux, une obligation de plongée dans le microscopique, une nouvelle mise au point.

Ce jeu de distance du regard à l'œuvre est particulièrement sensible dans ma série des « Métamorphoses » (3), notamment « Le Bestiaire fractal » (4).

Les animaux représentés dans le Bestiaire sont construits avec des silhouettes d'hommes qui, démultipliées, donnent la sensation de se propager à l'infini. Ces silhouettes ne sont décelables, visibles, que de près, dans un zoom avant ; un zoom arrière nous fait retourner à l'animal. Entre ces deux focales, le regard hésite, interroge l'espace et interroge le temps, parcourt en quelque sorte cette arborescence du vivant où l'homme et l'animal apparaissent comme deux figures de l'évolution.

Mais dans quel sens l'évolution va-t-elle ? Qui fut le premier ? Qui sera le dernier ? Zoom sur l'évolution passée ? Zoom sur l'évolution future ?

Notes :

1. La série du « Radeau des muses » (1986-1988) aborde une double question : qu'en est-il de la survie du sujet dans la peinture ? Qu'en est-il de la survie de l'humain dans le monde moderne ? Question picturale et existentielle que mes géométries ne cessent de poser.

2. La série « Échos », 1992

3. La série « Métamorphoses, hybrides et autres mutations » depuis 2010.

4. « Le Bestiaire fractal » depuis 2015.

Pour suivre...

Les textes présentés ici sont une sélection des écrits sur mon travail depuis les années 1975.

De nombreux critiques d'art, commissaires d'expositions et écrivains ont suivi mon parcours tout au long des quarante années qui m'ont mené de l'hyperréalisme à la représentation fractale. Certains, comme Susan Condé et H.-F. Debailleux, ont participé à la création du groupe des Fractalistes en 1994 et, par la suite, ont collaboré à différentes expositions sur le fractal. H.-F. Debailleux, particulièrement, a mené sous forme d'entretiens l'écriture du livre *Meynard* consacré à mes œuvres fractales de 1990 à 2004, livre qui accompagna l'exposition Meynard-Fractal au musée d'Évreux en 2005.

Cette sélection d'écrits débute par 5 textes réunis sous l'intitulé « **LA FRAGMENTATION DU RÉEL** » qui, à travers des approches différenciées, synthétisent mon parcours : « Vertige et cohérence du chaos » de Robert Bonaccorsi, commissaire d'expositions et historien d'art ; « *Hyper-Street* » d'André Campana, journaliste, réalisateur, producteur de télévision et collectionneur ; « Hyperréalisme, Jeu et Série noire » de Gilles Plazy, écrivain, et « La trame de la complexité » de Giancarlo Pagliasso, critique d'art. Un texte de Giovanni Lista, historien et critique d'art, spécialiste du futurisme, aborde pour la première fois, à travers l'analyse de mes œuvres, des années 1976 à 1994, la problématique de la disparition du sujet en peinture. Ce texte, intitulé « Les formes du réel chez Jean-Claude Meynard », suit le processus de la déconstruction-reconstruction de la figure humaine tel qu'il apparaît dans mon travail.

Regroupés sous l'intitulé d'une de mes séries : « **LE RADEAU DES MUSES** », cinq textes vont alors aborder cette thématique de la disparition/renaissance de l'humain en peinture, à travers cinq métaphores, cinq images-force.

L'image de « L'aventurier de l'Arche perdue », par H.-F. Debailleux qui, relisant les formes de ma peinture depuis ses débuts, en dégage les signes majeurs de survie : énergie, vitesse, mouvement ; il analysera ensuite ce radeau ballotté, celui de Muses, celui de la peinture, pour en extraire la figure idéale, salvatrice : celle de *La Spirale*, mouvement de création sur lequel j'ai fondé tout mon travail dans cette série.

Nicolas Bourriaud, actuellement directeur du MoCo de Montpellier, traitera dans son texte « Le Corps héroïque de la peinture » de ce qu'il appellera « ma tentative désespérée pour reconstituer, avec le Radeau des muses, le corps même de la peinture, ce corps qui a déserté l'humain ».

Avec « La Chair rêvée », Élisabeth Préault s'attachera aux formes pures, courbes, tracés, empreintes, sillons, qui modèlent la chair des Muses, à la fois, comme signes de la peinture et signes de la persistance de l'humain – ou de sa mémoire.

Avec les séries « Corps et âmes » et « Échos » la problématique de la disparition du sujet en peinture est approfondie et l'on peut voir la déconstruction de l'homme jusqu'à n'être plus qu'une chorégraphie d'atomes. J'ai été accompagné dans ma démarche, non par des textes longs et construits, mais par des notations, rapides, concises, des instantanés philosophiques et poétiques, dont on pourrait résumer la teneur par cette formule : « Quand la peinture ne tient plus qu'à un fil… »

Ces notations ont été écrites par Gérard Barrière, philosophe, spécialisé en histoire de l'art, Nicolas Bourriaud, Philippe Carteron qui fut critique d'art au *Nouvel Observateur*, Pierre Corcos, actuellement chroniqueur à Visuelimage.com, Nathalie Darzac, directrice de la communication à l'École nationale des chartes, Henri-François Debailleux, et Giovanni Lista.

Un grand chapitre « **FRACTAL** » regroupe ensuite les écrits sur mon approche fractale du vivant et c'est Évelyne Biausser, philosophe épistémologue et disciple de la pensée d'Edgar Morin, qui fait le lien entre ma période purement picturale et ma représentation du réel à travers la géométrie fractale, dans son texte « Une mise en œuvre du paradigme de la complexité ».

Thierry Cattan, professeur d'esthétique, dans son texte « L'Imaginaire prend le dessus sur l'Équation », aborde le rapport entre le fractal, théorie scientifique, et l'art, qui sont l'un comme l'autre des modes de déchiffrement du monde.

Sous forme de trois dialogues, un entretien entre Henri-François Debailleux et moi-même, aborde trois thématiques propres à ma démarche artistique fractale.

Le premier dialogue porte sur « L'Identité », l'identité vue, non comme une image fixe, mais comme une cartographie évolutive.

Dans le deuxième dialogue, qui a pour titre « Vous avez dit Méta ? », est posée l'interrogation suivante : comment représenter le corps, tous les corps, le corps humain (anatomie), le corps architecture (l'habitat), le corps urbain (la ville), le corps social (la société), dans le sens d'« au-delà » de l'apparence ?

L'entretien se termine par « Les Corps recomposés », troisième dialogue qui explore les moyens de remise à jour de la figuration humaine comme base essentielle pour « raconter une histoire », situer l'humain dans le réel, et donner un sens.

À partir de l'analyse de la « Matrice de Babel », Lubica Gorcsosova opère un rapprochement entre Benoît Mandelbrot et moi-même, entre l'art et la science, interrogeant une de mes réflexions : « Si la connaissance est scientifique, alors il faut proposer l'art comme un mathématicien. »

De son côté – vu de New York – Susan Condé, cosignataire du *Manifeste fractaliste*, a symbolisé ma représentation de l'individu par deux mots-clés « Le Turbulent et le Statique ». L'individu représenté, en même temps, comme une dynamique en devenir et une permanence.

Puis Jean-Claude Chirollet, agrégé, spécialiste en esthétique et philosophie de l'art, à travers l'analyse de mes œuvres, redéfinit le travail du regard en tant que volonté de déchiffrement du réel. Son texte s'intitule « La volonté du regard ».

Enfin, on peut parcourir un opéra en 3 actes de Lydia Harambourg, critique d'art, à travers une balade dans trois de mes expositions : « Chorégraphies fractales ».

Pour conclure, Giancarlo Pagliasso, critique d'art, analyse historiquement et esthétiquement le « Bestiaire fractal » sur lequel je travaille depuis 2015 dans son texte : « Le Bestiaire fractal de Jean-Claude Meynard, en regardant, en philosophant… »

La fragmentation du réel

Vertiges et cohérences du chaos

Par Robert Bonaccorsi

D'un chemin à l'autre. Le parcours artistique de Jean-Claude Meynard se découvre dans la discontinuité et se pense dans la rupture. De l'hyperréalisme à la géométrie fractale, en passant par les grandes séries de la complexité, la linéarité n'est pas de mise.

Sa formation bouscule également le cursus habituel de sa génération pour renouer avec la double tradition de la transmission familiale et de l'enseignement aux côtés d'un maître. Il côtoie ainsi très tôt des œuvres du patrimoine de l'art moderne (Rodin, Derain, Braque) collectionnées par son parrain qui l'élève de 5 à 6 ans (« mon premier exil dans un musée vivant », dit-il) (1), la découverte précoce de l'atelier *via* un professeur de dessin doublé d'un peintre classique. Deux années d'études (de 11 à 13 ans) à partir de l'observation patiente des maîtres : Gustave Doré, Dalí, Matisse… Un travail assidu sur le motif, le rapport à l'objet, au modèle vivant, fondé sur l'implication personnelle de l'élève, son désir, sa volonté artistique naissante. Puis le Lycée français de Berlin (« deuxième exil ») où il découvre les déclinaisons de la culture pop, et s'empare de l'imagerie consumériste du temps pour réaliser quelques toiles, « néopop » aujourd'hui disparues. Ce détour par les « mythologies quotidiennes » le conduit à se confronter à l'hyperréalisme, non dans la révérence mais pour dépasser, déconstruire le spectacle de la société. Il présente ses premières œuvres à la galerie De Novum à Düsseldorf puis à la FIAC en 1975.

Ces éléments biographiques éclairent, certes, mais peuvent aussi interférer et même parasiter la compréhension de la démarche de Jean-Claude Meynard. Une constante, la primauté accordée aux préoccupations picturales et visuelles. Pour autant, son travail se révèle en quelque sorte *via négationis*, dans un constant renouvellement formel et thématique, une confrontation d'approches différentes, de manières apparemment contradictoires, posant par là même, et avec une force rarement égalée, la question du style.

Des styles qui s'incarnent dans de vastes cycles, dans des séquences parfaitement identifiées, offrant à chaque étape une combinaison spécifique d'éléments formels et thématiques de l'image qui s'articulent, se déploient en fonction de l'époque, des courants de pensée correspondants, voire de l'air du temps. De fait Jean-Claude Meynard se confronte en permanence avec la représentation, dans sa complexité, ses entrelacs, ses rhizomes, ses incessantes hybridations. Ainsi l'hyperréalisme, perçu à l'origine tel un « défi » à l'école américaine en tant que telle ? Sans doute, à la représentation de la société des années soixante-dix en voie de totale réification ? Certainement. Une confrontation avec le réel qui se collette avec la photographie, perçue comme simulacre, perpétuant mécaniquement et indéfiniment l'espace de la perspective euclidienne.

Dès l'origine, Jean-Claude Meynard ne reproduit pas mais interprète le réel, en jouant pleinement « l'effet de réalité ». Tromper l'œil, le surprendre, par la multiplication des détails devenus autant d'éléments visuels, remettant en cause la hiérarchie des plans, en proposant à qui sait voir la sensation d'une perception globale totalement identifiable et radicalement fausse. Un temps suspendu que l'œil captif appréhende avec jubilation et angoisse. Vision d'ensemble, vision fragmentée. Vertige du regard.

La virtuosité technique, le savoir-faire, l'habileté sont alors reconnus et encensés, pour autant cette « géométrie de l'excès » (un *Mentir vrai* si l'on veut absolument lui accoler une référence littéraire) est prise pour ce qu'elle n'est pas, une évidence, un reflet fidèle, une tranche de vie policée et neutre, dont l'intérêt se confondrait avec l'efficacité mimétique. Un symptôme de la confusion généralisée entre l'art, la vie, le document. La peinture comprise telle une « fenêtre ouverte sur le monde », dressant un constat illusoire, un procès-verbal, de la réalité appréhendée comme une donnée immédiate. Une paralysie du regard qui peut être témoin des limites propres de l'hyperréalisme, « stases scopiques » (2), voyeurisme régressif. Ce « mal vu » (l'expression est de Jean-Claude Meynard) va le conduire à une peinture moins précise, moins identifiable dans laquelle l'évidence de l'image s'estompe. L'objectif reste le même :

dialoguer, aiguiser les regards, fendre l'armure du visible pour saisir, au-delà des apparences, le réel dans sa complexité.

Rupture/cohérence, le parcours de Jean-Claude Meynard peut se lire comme une unité contradictoire en constante évolution où chaque innovation formelle se trouve implicitement ou explicitement contenue dans le cycle précédent. Le point nodal restant la représentation. « Je m'intéresse à la définition de l'image. » (3) La représentation persiste et signe, au cœur de cette démarche qui décline à l'infini la complexité du monde.

La succession des trois géométries fondamentales qui structurent rétrospectivement son œuvre prend ainsi la forme d'une spirale, un renouveau formel incessant intervenant à chaque fois à un niveau plus élevé, réfutant en pratique le mythe de l'éternel retour au profit d'une dialectique formelle. L'hyperréalisme, géométrie de l'excès, « le défi » des jeunes années, retrouve alors toute sa place et son sens par rapport aux deux « géométries fondamentales » qui vont suivre : les Grandes Séries de la complexité (de 1975 à 1994) et la Géométrie fractale.

Dans les Grandes Séries de la complexité, la facture de Jean-Claude Meynard procède d'un double mouvement évolutif et involutif, en se floutant, se diffractant avec des effets de cadrage proches du plan cinématographique ; parfois la lumière, et elle seule, figure la présence humaine et bientôt l'anecdote s'épuise et disparaît. Pour autant, l'homme et son identité restent au cœur du propos. Sa silhouette persiste, présence induite, récurrente, éclatée, s'inscrivant pleinement dans la problématique fractale que Jean-Claude Meynard utilise désormais pour représenter la complexité du réel. « La géométrie fractale dispose d'un potentiel immense, elle me paraît la plus ouverte. Conjuguée au numérique, elle permet de mixer un réel, une nature (je préfère le mot nature à celui de réel), et de faire en sorte que les réseaux, les pixels, les touches de couleurs soient des composantes du sujet, du vivant, de l'œuvre. Le but étant, je le répète, d'ouvrir de nouvelles perspectives et de regarder le monde d'une manière non finie, non définitivement définie et de redonner des possibilités de composition et recomposition, donc de vie. » (4)
Puzzle, Ecce homo, Identité et Méta…

La complexité comme principe directeur, l'expansion, la saturation, la volonté de rendre visible son architecture, sa structure, en deux dimensions, en relief ou en volume. Penser, traduire le chaos en ouvrant, dans tous les sens du terme, de nouvelles perspectives. À rebours, à contre-courant même, des années pop (Nouvelles Figurations, Salon de la Jeune Peinture) à une abstraction géométrique totalement repensée, dépoussiérée, renouvelée. D'autres peintres ont fait le chemin en sens inverse (Ray Johnson, Proweller…).

Ce va-et-vient, cet échange permanent, cet accent successif mis sur la forme et/ou le contenu démontre à quel point l'histoire de l'art du XXe siècle se décline dans l'entrelacs, l'interaction, les mouvements de balancier. Jean-Louis Ferrier ne parlait-il pas du cubisme comme d'un hyperréalisme ? « Possédant sa problématique propre, le cubisme n'est pas autre chose qu'un hyperréalisme : s'il semble se détourner de la réalité, c'est de la réalité immédiate seulement, afin d'en percer mieux le secret. À sa base, il pose le problème de la connaissance. Il est un réalisme réflexif qui ne se contente pas d'être mais pose simultanément la question de son être » (5). Représentation, encore et toujours, le réel, le symbolique…

Pour sa dernière pièce, Meynard s'empare du mythe de Babel pour l'insérer dans sa propre vision du monde.

Il réinterprète l'architecture de Babel, « icône de la complexité », tour, sphère, cube à partir de silhouettes humaines solidaires, qui deviennent les signes d'une écriture en devenir perpétuel, l'humanité à nouveau unie par l'écriture. La géométrie fractale s'affirme comme une nouvelle dimension de l'homme. L'œuvre peut se visiter, non seulement *in situ*, mais presque *in vivo*.

Le spectateur circule à l'intérieur des formes et des structures. Jean-Claude Meynard conjugue ainsi l'immersion et la mise en distance. « Ce qui m'intéresse : faire un portrait du vivant » (6). Du portrait à l'autoportrait, en creux, en filigrane, en effet miroir… « L'autoportrait n'a de sens que comme forme emblématique des portraits de chacun » (7). Meynard ou la fécondité du paradoxe. Dans son parcours, tout s'oppose et tout fait écho. Nier les étapes, les glissements progressifs, les césures de son travail au profit d'une cohérence forcée, insérer cette dynamique formelle et thématique dans un lit de Procuste confinerait à l'absurde. Pour autant, la confrontation des toiles hyperréalistes et des toiles fractales s'avère productive, de sens, d'émotion, de plaisir visuel. Les styles s'opposent et se complètent ici dans le même souci d'appréhension formelle de l'arborescence du réel.

La mise en perspective de cette œuvre réfléchie, assumée, permet d'en dégager la ligne directrice. Intrinsèquement l'œuvre de Jean-Claude Meynard n'existe que par et pour la complexité. Sa chronologie et son évolution relèvent de la réplique, de séismes consécutifs de plus ou moins grandes intensités. Elle est dans son principe même et son devenir, cohérente, fragmentée, chaotique, totale, unique. Fractale !

Préface du livre *La Géométrie des énigmes*, Éd. Fragments International, 2010.

Notes :

1. Les renseignements biographiques sont extraits d'un courrier de « Jean-Claude Meynard, c'est quoi le début ? », avril 2010.
2. François Derivery, *Art et voyeurisme. Des Pompiers aux Postmodernes*, Campagnan, EC Éditions, 2009, p. 131
3. Entretien Jean-Claude Meynard/Henri-François Debailleux in : *Meynard*, Paris, Fragments Éditions, 2004, p. 19.
4. *Ibid.*, p. 22.
5. Jean-Louis Ferrier, *La Forme et le Sens*, Paris, Denoël/Gonthier, 1969, p. 38.
6. Entretien Jean-Claude Meynard/Henri-François Debailleux, *op. cit.*, p. 21.
7. *Ibid.*, p. 20.

Hyper-Street
1974-1975

Panneau 1 – acrylique sur toile – 130 × 165 cm

Panneau 2 – acrylique sur toile – 130 × 195 cm

Panneau 3 – acrylique sur toile – 130 x 165 cm

Panneau 4 – acrylique sur toile – 130 x 195 cm

Hyper-Street

Un film ? Un tableau, une fresque, une histoire ? Je dirais : une « situation » !

Par André Campana

Extrait du livre Un art du soulèvement *d'André Campana, entretien avec Jean-Marc Thevenet.*

Jean-Marc Thevenet (1)

En 1975 à la FIAC, la peinture hyperréaliste d'un jeune artiste de vingt-quatre ans, Jean-Claude Meynard, fait sensation.
Sa toile *Hyper-Street* est votre premier achat et un achat de taille. Pourquoi ?

André Campana

D'une certaine manière ma formation de journaliste, mon itinéraire, mes préoccupations me poussaient vers cela.

En apparence *Hyper-Street* c'est la reconstitution minutieuse d'une rue de Paris, la rue Lamarck, dans le 18e arrondissement, mais c'est une reconstitution fictive. C'est son intérêt.

Hyper-Street va au-delà du « réel anecdotique » et donne un message fort sur la réalité de la société.

Certains n'y voient pas de hiérarchie, moi j'y ai vu et j'y vois une critique – pertinente – de la « Société du spectacle ».

Pour la première fois dans la peinture : cette société est exposée, montrée du doigt, mise en scène, sans pompiérisme, sans socialisme non plus (voyage « kitsch » que la peinture socialiste-stalinienne, mais pour tout dire, combien désespérante !).

Non, cette peinture de la rue Lamarck ne cherche pas les effets, mais montre tout.

Elle « observe ».

Ça aurait pu être une autre rue.

Tous les « ingrédients-marchandise » de la France des années soixante-dix sont présents (et presque déjà les « marques ») : moto (Suzuki), autobus (RATP), vitrine de joaillier (Chaumet ?), devanture du cinéma porno (de Pigalle), kiosque à journaux avec toutes les publications détaillées et surtout au centre de ce tableau « quadrirama » de 8 mètres de long, un photographe de mode entouré de son équipe en action. Le nouveau maître de la ville ?

Un film ? Un tableau, une fresque, une histoire ? Je dirais : une « situation » !

Jean-Claude Meynard écrit, à propos d'*Hyper-Street*, sous le titre « L'Urbain et l'Humain » : « Le but de cette œuvre était de montrer une perspective inattendue qui va de l'infini à l'infini en passant au centre par l'homme ou plutôt par la chute de reins d'une femme (origine du monde) prise (photo) par un homme… Cette rue est le spectacle de la condition humaine… En montrant l'homme et son environnement avec la même définition, le tableau est une composition qui, par sa complexité, nous fait entrevoir le lien incessant qui unit l'ordre au chaos, la nature à la culture. »

En 1975, en peinture, c'est un véritable choc. On n'a jamais vu ça.

À la galerie La Passerelle Saint-Louis de Jean-Pierre Lavignes, où elle est exposée, les visiteurs font la queue devant le tableau pour le contempler. Une chirurgie au cœur de la réalité, un somptueux résumé de l'histoire française.

On pourrait penser aux grottes de Lascaux tant la « fresque » résume un état de la société. Le tableau a son éternité gagnée : on imagine dans cent ans le public devant cette toile.

Je ne sais pas pourquoi j'ai acheté *Hyper-Street*… Ce fut irrésistible et pourtant il m'a fallu faire un gros effort financier. J'ai failli renoncer à cause du prix. J'ai mis un an à le payer.

J'ai franchi le pas. Ce jour-là, sans le savoir, j'ai fait mien ce slogan : « Achetez de l'Art ».

J'ai acheté un autre tableau hyperréaliste de Meynard. Il s'intitule *Jack in the Box*, *Le Flipper* et, comme son nom l'indique, il représente un joueur de « flipper » dans les années soixante-dix, sur un Gottlieb.

C'est un tableau qui est vraiment très proche de la manière de peindre du plus grand hyperréaliste mondial, l'américain Richard Estes. La rue, où les voitures sont garées, se reflète dans la glace du « flipper ».

À droite un juke-box Wurlitzer.

Le joueur est de dos, on ne voit pas son visage, mais le plus extraordinaire c'est que l'on sent la concentration et la densité.

Comme l'écrit Jean-Claude Meynard : « L'arrivée des jeux électroniques dans la vie quotidienne correspond aux moyens, aux outils de formatage et d'adaptation à la société de consommation et de spectacle. Le compétiteur devient consommateur et se met en scène comme un spectacle… » Et il poursuit : « Le champion de flipper devient un exemple à suivre, l'image d'un Commandeur pour une nouvelle génération en quête d'une nouvelle identité : une idole. "Je voudrais être une machine", comme l'a dit Andy Warhol. Le joueur fait corps avec la machine, un véritable corps-à-corps, une étreinte fusionnelle avec le flipper, un face-à-face qu'il risque de perdre au moindre tilt. Il n'est plus qu'un score dans un tableau : une valeur, une cote dans un hit-parade. »

Ce sont des témoignages ou des signes très forts de la métamorphose qu'a opérée cette époque.

Dans sa quête de la réalité, Jean-Claude Meynard, durant ces trente dernières années a évolué. Il est passé de l'hyperréalisme, par des stades successifs de déformation de la réalité, à la géométrie fractale.

C'est un trajet extraordinaire, et courageux, pour un peintre – « j'aime peindre et je sais peindre », dit-il toujours – que d'entrer dans la tentative de représenter la vie dans une sorte de quatrième dimension ! Là où l'on a l'impression de voyager à l'intérieur des cellules… Ou de l'espace.

Même si je suis très attaché à son travail hyperréaliste, je comprends cette dimension utopique.

Qu'est-ce que l'art ?

Un produit de l'histoire ?

Dans les années soixante-dix, l'hyperréalisme de Meynard et le pop'art, la montée inexorable d'Andy Warhol, rejoignent Guy

Debord pour qualifier le fait que la société obéisse désormais aux règles de la « Société du Spectacle ».

Les images étaient nos amies. Elles sont devenues nos pires ennemies car, par leur abondance, leur répétition, leur utilisation irraisonnée, elles ont détruit l'émotion.

Elles contribuent à la « machinisation » de l'homme et à son éloignement d'avec la réalité que, pourtant, elles prétendent exprimer de manière de plus en plus performante.

Mais c'est le virtuel, le leurre, qui domine.

Guy Debord rappelle au début de « La Société du Spectacle » le principe du philosophe Feuerbach (2) selon lequel « Le Spectacle gouverne le monde, dans notre temps l'homme préfère l'image à la chose, la copie à l'original, la représentation à la réalité, l'appartenance à l'être » (3).

Extrait du livre *Un art du soulèvement* d'André Campana, entretien avec Jean-Marc Thevenet.

Notes :

1. Jean-Marc Thévenet, éditeur, scénariste de bandes dessinées, producteur de télévision et commissaire d'expositions français. Il a dirigé le festival d'Angoulême de 1998 à 2006. Son album *Le Chemin de l'Amérique*, qu'il a scénarisé pour Baru, reçoit en 1991 l'Alph-Art du meilleur album français au festival d'Angoulême.
2. Ludwig Andreas Feuerbach (1804-1872) est un philosophe allemand. Il est disciple, puis critique de Hegel et le chef de file (après Bruno Bauer) du courant matérialiste appelé hégélien de gauche auquel se sont joints Stirner, Marx, Engels et Bakounine.
3. Guy Debord, écrivain, cinéaste, poète, fondateur de l'Internationale situationniste.

La collection d'André Campana s'expose à Paris, 13 juin 2015. Texte de présentation de l'exposition.

Sous l'intitulé « UN ART MODERNE », André Campana montre ses plus belles prises : Bazooka, Enki Bilal, Debord, Hervé Di Rosa, Philippe Druillet, Robert Combas, Marîen, Jean-Claude Meynard, Moebius, Molinier, Slocombe.

Texte de présentation des deux œuvres de Jean-Claude Meynard : *Le Flipper* et *Hyper-Street*, la fameuse rue hyperréaliste présentée à la FIAC en 1975.

L'hyperréalisme français est né dans les années soixante, dans la mouvance de l'hyperréalisme américain représenté par de grands peintres comme Duane Hanson – ses sculptures, notamment sont mondialement connues, comme celle de ce couple de touristes poussant leur chariot dans un hypermarché – et Richard Estes, dont les paysages urbains sont passionnément collectionnés à travers le monde et, en particulier en France, par Daniel Filipacchi qui possède la plus grosse collection mondiale d'hyperréalisme et de surréalisme. Jean-Claude Meynard, artiste contemporain, né en 1951, est l'un des plus brillants représentants de cette peinture.

Les tableaux de J.-C. Meynard ont été achetés en 1975 à la FIAC. André et Gloria Campana ont mis un an à les payer.

L'un, intitulé *Hyper-Street*, est une impressionnante reconstitution de la rue Lamarck dans le 18e arrondissement de Paris. Le tableau, spectaculaire, est un quadriptyque de 8 mètres de long qui évoque irrésistiblement les thèses de Guy Debord sur « La société du Spectacle » présentant une réalité « irréelle » ou un simulacre par lequel le peintre reproduit la manière dont les images régissent désormais les relations sociales.

Rien n'y manque : l'autobus, le kiosque à journaux dans les moindres détails, la moto Suzuki, la vitrine du joaillier, l'affiche du cinéma porno et, dominant cette scène urbaine et sociale, un couple de photographes de mode opère dans la rue, complétant ce spectacle de la deuxième moitié du XXe siècle. L'autre tableau est intitulé *Le Flipper* et est très proche des compositions de Richard Estes.

Dans son questionnement sur la peinture de la réalité du monde, Jean-Claude Meynard a évolué depuis les années quatre-vingt vers une facture de plus en plus « essentielle » construite autour de la « géométrie fractale » dont il est aujourd'hui, visuellement, l'un des plus remarquables traducteurs.

André Campana

Hyperréalisme, Jeu et Série noire

Meynard, il fallait le voir peindre…

Par Gilles Plazy

Il s'en faut de peu pour que cette réalité, à laquelle nous nous efforçons de tenir bon, vacille. Nous avons appris au cours de ce siècle à accepter qu'elle soit moins simple qu'il n'y paraît : derrière l'apparence solide que lui donnent les images de la représentation officielle (la prétendue objectivité journalistique qui n'est, le plus souvent, que le masque de l'aveuglement), la réalité, à l'image de telle jeune fille rencontrée dans un parc, n'est pas *celle que vous croyez*.

Dans le film d'Antonioni, *Blow-up*, un cliché révèle à l'attention pointilleuse que le paysage bucolique avait son mystère, l'inopportune présence – mais cachée – d'un personnage qui n'est peut-être que l'agent du destin. C'est par de tels fragiles indices que nous pouvons être entraînés à aller voir ce qui se passe derrière l'écran sur lequel se projettent les images de la prétendue réalité. Alice fut bien introduite au Pays des Merveilles par un lapin soucieux d'un implacable horaire. Dans un autre film d'Antonioni, c'est un journaliste – donc l'homme censé porter un regard froid sur les événements du monde – qui change de rôle et traverse le miroir.

Tous les rites d'initiation le montrent – et la psychanalyse le confirme : il faut se perdre pour se trouver. Nous vivons notre fausse personnalité dans une fausse réalité et nous ne pouvons trouver notre identité vraie dans une réalité vraie qu'au-delà d'une expérience dramatique de la lucidité : la traversée des apparences. C'est au compte d'un vertige dans lequel nous risquons aussi bien de nous perdre que nous avons peut-être quelque chance d'avoir pied dans le monde.

La peinture de Meynard, à mes yeux, développe les figures de quelque rite de passage et sa force est de ne pas en donner des images métaphoriques : ses figures appartiennent à notre monde et à nos mœurs. Le peintre appartient au siècle du flipper (et l'on sait que, dans le nouvel argot des jeunes, le nom américain du billard électrique a engendré le verbe *flipper*, qui veut dire *dériver*, qui désigne une prise d'écart à l'égard de la réalité matérielle et sociale). Le plus étonnant des gadgets de la société de consommation appartient d'ores et déjà à une riche mythologie dont le célèbre fabricant Gottlieb (c'est-à-dire *Amour de Dieu)* a été le grand prêtre par qui le rite s'est universellement répandu.

Dans une toile de sa dernière série consacrée au jeu et au pari, Meynard a représenté un homme jouant au flipper. Le cadrage, en plongée rapprochée, nous donne de cette scène une image inattendue car pour la voir ainsi, au bar-tabac du coin, il nous faudrait au moins monter sur une table. L'effet hyperréaliste de la minutieuse précision du dessin est ainsi troublé par l'angle inhabituel de la vision. Encore plus, cet effet est dévoyé par l'ambiance lumineuse (et le flipper est un jeu de lumières, un satanique jeu de lumières puisque l'ange qui déroba la lumière à Dieu n'est pas moins que Lucifer) qui fait glisser des bleu nuit en vert d'eau glauque et en mauves d'irréels crépuscules.

Le pop'art n'était un réalisme qu'en apparence. Tout le glissement qu'il opérait de l'objet à son image ne servait qu'à démontrer l'absence de l'objet dans l'image. Toute image, même la plus apparemment réaliste, est un fantasme. C'est dans la ligne du pop'art que Meynard a d'abord montré sa virtuosité de dessinateur. Il fallait le voir peindre une moto, les innombrables bouteilles derrière le comptoir du bistrot, ou même, en quatre tableaux, reconstituer le paysage d'une rue de la butte Montmartre en une vue panoramique. C'était en 1975.

La précision dite photographique en peinture nous trouble et jadis déjà le trompe-l'œil créait un fascinant malaise. Peut-être est-ce qu'il y a quelque chose de maniaque dans l'extrême précision, une façon de remplir le tableau de détails pour que s'y perde le regard, et sans doute aussi un désir un peu fou de ne rien laisser échapper d'une réalité qu'on ne peut pourtant représenter que dans la mesure où l'on s'en retire.

L'année suivante, l'exposition de Meynard s'intitulait sans ambiguïté « Pertes d'identité » et se référait clairement au trouble schizophrénique que le Petit Robert définit comme « repli sur soi, difficulté d'adaptation aux réalités extérieures » (c'est une litote). La solitude, l'angoisse, le suicide y apparaissent comme conséquences d'une réalité délirante dont les images avaient été au préalable données à la manière du pop'art (qui à sa manière est peut-être bien un délire). La manière du peintre s'adaptait à l'évolution de son sujet et sa facture auparavant glacée (comme les photos peuvent se tirer sur papier glacé), sans perdre de sa précision, se brouillait dans une sorte de nuée pointilliste, comme si la trop forte évidence des choses ne pouvait plus être supportable qu'à travers un écran.

Cette double dérive du sujet et de la manière, Meynard l'a continuée avec la « Série noire » qui compose une histoire mystérieuse où rien n'est vraiment dit mais où un ensemble d'indices peut entraîner l'imagination sur bien des pistes. Antonioni, Hitchcock, Patricia Highsmith, entre autres, en sont des références précises dont la compréhension n'est pourtant pas nécessaire pour sentir la présence inquiète de cette peinture dont le ressort est une angoisse mélancolique dans la solitude, avec cette impression qu'à chaque instant quelque chose que l'on ignore est sur le point d'arriver. Une ombre, un reflet sont là comme signes d'une présence menaçante. *L'autre* vient de faire son apparition.

Le jeu, au sens du pari, ne va jamais sans angoisse, et ce que l'on risque de perdre, encore plus que sa fortune, c'est soi-même. Vous souvenez-vous, dans ce film d'après Dostoïevski, de Louis Jouvet sortant dignement de la salle de jeu où il a tout perdu ? C'est déjà un homme mort. Car ce n'est jamais contre un autre qu'on joue, c'est contre soi-même, contre son double. Ainsi cet homme devant une machine à sous dont on devine qu'elle est à son image. Ainsi notre joueur de flipper dont le visage s'inscrit, en triple reflet, sur le bord brillant de l'engin.

D'abord un certain vide du monde (parce que trop plein de choses). Ensuite la solitude. Puis la sensation de l'autre. Enfin le double. Est-ce à dire que l'autre c'est le double et que le double c'est l'autre ? Ne cherchons pas à réduire cette ambiguïté que Meynard figure dans sa peinture, puisque c'est sur tout un jeu d'ambiguïtés qu'elle se fonde. Puisque ce qu'elle figure c'est moins une réalité qu'un certain vertige dans cette réalité. Un jeu de miroirs qui dédouble l'image. Un jeu de prisme qui la morcelle. La réalité serait toujours bonne à dire si on pouvait la dire et l'effort que fait la peinture, sinon pour la dire du moins pour la montrer, se heurte à l'impossibilité de prendre la réalité pour son image (et inversement), elle ne peut jamais être que l'expression d'une dérive par rapport à cette réalité, d'un double mouvement vers et hors de cette réalité, vers et hors de soi-même. C'est souvent par de simples déplacements, qui suffisent à lézarder nos prétentieuses certitudes, qu'opère l'Ange du Bizarre par qui, selon Edgar Allan Poe qu'affectionne Meynard, toujours arrive le scandale.

Gilles Plazy
Mai 1979
Préface du catalogue de l'exposition « La Vie en Jeu », 1979.
Fondation CAPA et galerie Jean-Pierre Lavignes Paris.

La trame de la complexité

Voyage dans la Villa Tamaris

Par Giancarlo Pagliasso

Après Venise, je suis allé à la Seyne-sur-Mer, près de Toulon (Var, France) pour voir la grande exposition rétrospective de Jean-Claude Meynard : « Babel, la géométrie des énigmes », qui avait lieu du 12 septembre au 17 octobre 2010 à la Villa Tamaris. (1)

En tant qu'ami de Jean-Claude Meynard depuis plus de vingt ans, j'ai conscience que ma position déroge aux canons du puritanisme de la critique américaine qui, comme me le rappelait le regretté Gianfranco Mantegna à New York, aurait peiné à accepter que je sois à la fois juge et partie, ami et critique. Cependant, l'occasion qui m'est donnée ici d'aborder l'œuvre de Meynard dans sa totalité est si belle que je demande à mon lecteur la permission de témoigner de mon impartialité – au moins intentionnelle.

En acceptant d'exposer dans les vastes espaces de la Villa Tamaris, Meynard se trouva confronté à un double défi.

Le premier, extrinsèque, relatif à la difficulté de l'espace ; le second, intrinsèque, relatif à la lisibilité de son travail à partir de ses premières œuvres des années 1970.

Refusant, en intelligence parfaite avec Robert Bonaccorsi, directeur de la Villa, la chronologie de la succession « par phases », l'artiste a fait des croisements de façon à rendre intelligible la dynamique de son parcours et la richesse de ses références qui sont des constantes dans sa création.

Le « sens » de l'exposition est donc un labyrinthe qui renvoie l'image d'une machine à jouer avec le temps, qui renvoie à la potentialité expressive de chaque combinaison d'où peuvent « germer » selon les rapprochements d'œuvres d'époques différentes, de nouvelles créations.

La direction-sens, lisible de façon chronologique uniquement dans le livre édité pour l'exposition, a ainsi une double orientation avec une flèche du temps orientée à parts égales vers le passé et vers le futur.

Meynard offre ainsi une échelle de contenus sémantiques qui sont articulés, non chronologiquement, mais selon une logique fractale que l'artiste traduit visuellement en sous-ensembles explicatifs capables d'attirer et d'illustrer le thème principal.

C'est alors au spectateur de choisir son itinéraire.

Le spectateur déambule dans la Villa, il connaît le parcours de Meynard, c'est facile, il est marqué dans les livres : ça commence par l'« Hyperréalisme », puis les « Schizophrénies », la « Série noire », le « Jeu », les « Corps et graphiques », le « Radeau des muses », les « Corps et âmes », les « Échos », puis la « Dimension fractale de l'homme », divisée en « Corps recomposés », en « Infinis », en « 99 », en « Babel »…

Eh ! Attention ! Vous faites fausse route ! Oubliez cette chronologie-là, cette division officielle du temps en unités d'années, de mois… D'ailleurs, soyez encore plus radical, oubliez que temps existe car, comme l'écrit Rainer Maria Rilke, « Le temps, ici, n'est pas une mesure. Un an ne compte pas. Dix ans ne sont rien. Être artiste, c'est ne pas compter, c'est croître comme l'arbre qui ne presse pas sa sève, qui résiste, confiant, aux grands vents du printemps, sans craindre que l'été puisse ne pas venir » (2).

Revenez alors au vrai rythme, celui décidé par l'artiste qui sait, lui, comment compter le temps – de sa création.

Ainsi, ce qui apparaît ici sur les murs dans la suite temporelle proposée par Meynard, c'est le sens même de son œuvre, sa cohérence autour d'une recherche unique, inlassable : qu'en est-il de l'homme, de sa présence, de sa permanence, dans l'infinie complexité du réel ?

Il fallait bien que quelqu'un ose enfin associer, relier, faire vivre ensemble, se parler et se répondre, des séries d'œuvres que d'aucuns jugeaient comme des virages, des changements, des ruptures.

Ici, règne une sensation de ligne droite, de temps immobile. Une œuvre, c'est sûrement cela, une présence intégrale. Et, à travers ces multiples confrontations, c'est bien le sens de l'œuvre qui relie les formes extrêmes de l'hyperréalisme au fractal, c'est le gradient de base de la complexification, ou plus exactement, l'action même de présenter la complexité que l'artiste a travaillée de façons différentes selon les époques.

Les travaux de jeunesse, qui montrent l'extraordinaire virtuosité technique de l'artiste, sont construits par accumulation de détails, dont la somme définit la complexité comme totalité, tandis que les travaux de la maturité, tableaux, sculptures, œuvres picto-plastique, procèdent par assemblage, rapprochement d'éléments particuliers capables grâce au degré d'autosimilarité du fractal de dépasser la totalité comme complexité.

C'est pour cela que l'artiste a proposé dans l'exposition la possibilité d'hybrider deux époques, hyperréalisme et fractal, dans des « constructions » qui font une synthèse non dialectique mais disjonctive, pour citer Deleuze, dans l'élaboration figurative.

Le suc de l'exposition réside dans la suggestion d'hybridations que Meynard fait au spectateur – et à lui-même – de ce qui pourrait être une troisième étape dans sa création.

La forme extrêmement minutieuse de la représentation qu'il a faite dans ses tableaux hyperréalistes pourrait se greffer comme un « *morphing* » sur l'iconicité abstraite, géométrique, de ses œuvres fractales.

Je suis sûr que Meynard a déjà la solution dans sa poche.

« L'Ordito de la Complessità », article paru dans la Rivista Internazionale Zeta, gennaio 2011.

Notes :

1. La Villa Tamaris est une très vaste résidence que Michel Pacha, à la fin du XIXe siècle, avait fait construire pour son épouse ainsi que cinquante autres villas destinées aux vacances d'hiver de la haute société européenne. Toutes ces villas, dont la plupart existent encore, évoquent la luxuriance architecturale des palais du Bosphore où Michel Pacha a vécu. La villa Tamaris fut transformée après, dans les années quatre-vingt-dix, en centre d'art.

2. Extrait du livre de R. M. Rilke, *Lettre à un jeune poète*, paru en 1929 chez Insel à Leipzig, puis en 1937 chez Grasset, en France.

Les formes du réel chez J.-C. Meynard

Années 1976 à 1994

Par Giovanni Lista

Le parcours de Jean-Claude Meynard apparaît fondé sur une problématique connue, celle d'un approfondissement des recherches de la peinture par la prise en compte des formalisations visuelles du savoir scientifique. Autrement dit, il se veut l'héritier d'une révolution du langage pictural qui voit dans l'expérimentation scientifique les nouveaux signes capables de traduire de la manière la plus sensible la réalité du monde contemporain.

C'est au milieu du XIXe siècle que l'invention de la photographie, tout en multipliant les capacités du regard, allait produire la crise des mythes du positivisme dont faisait partie celui d'une exactitude de la vision oculaire comme moyen de connaissance. C'est de cette crise qu'est né le dialogue entre l'art et la science qui est à l'origine de la peinture moderne.

Les peintres s'appropriaient alors les modèles visuels de l'expérimentation scientifique, tels que la théorie du contraste simultané de Chevreul, la transparence des corps de Röntgen, les diagrammes linéaires de Mach, les surimpressions de Richet, les cyclogrammes de Gilbreth, la répétition différenciée de Marey, pour donner corps à la nouvelle culture visuelle de la modernité. L'avant-garde historique autant que les néoavant-gardes de la seconde moitié du siècle ont poursuivi, dans maintes directions, cette assimilation du visuel scientifique en fonction d'un nouvel alphabet de la peinture. Jean-Claude Meynard s'en sert pour exprimer le processus de création de la forme, le thème central de son œuvre étant la difficulté de l'être à se poser en tant que tel, ou plutôt la tension dialectique qui lie constamment l'un au tout comme totalité.

Sa recherche obéit pourtant à une logique positive puisqu'il aspire aussitôt à surmonter cette fragmentation des apparences phénoménales du réel. Dans les tableaux du milieu des années soixante-dix, tels que *Téléphone public* (1) ou *Vue sur l'extérieur* (2), en peignant des scènes nocturnes, il s'interroge déjà sur la force unifiante de la lumière. La réalité tout entière tend alors à devenir intersection de rayons lumineux, opalisation soudaine des ombres, croisement de reflets, papillonnement ou fourmillement des surfaces, transparences dévoilant la présence simultanée des corps et des objets. La réalité est multiple mais une. La force qui la gouverne est la lumière, même si celle-ci apparaît encore dans une dimension purement contextuelle et laïque. Il s'agit en effet de la lumière artificielle qui, en créant une respiration intimiste de l'espace, en faisant surgir des univers de lueurs rayonnantes au milieu de la nuit, soumet la matérialité du réel à une vibration blafarde et continue.

La phase suivante de la peinture de Jean-Claude Meynard, marquée par des tableaux où l'espace tout entier est plongé dans le noir, voit l'accentuation du thème de la lumière dans une dimension spirituelle. Les corps, les objets, les êtres semblent avoir leur luminescence propre. Ils sont en fait la source d'une irradiation qui est synonyme de force vitale. C'est la lumière qui fait l'individualité de la forme autant que son expansion virtuelle dans l'espace. Le rayonnement des corps et l'action des effets de lumière dans la constitution d'une relation spatiale ou émotionnelle sont pourtant recréés comme dans des conditions de laboratoire, c'est-à-dire en neutralisant la multiplicité du réel, en privilégiant un visage, un objet, une forme. En d'autres mots, l'investigation ne porte plus tellement sur la réalité du monde des objets, mais sur ce qui sous-tend celle-ci, sur cette réalité autre qui anime et élabore le monde lui-même.

La découverte du thème de l'énergie à laquelle Jean-Claude Meynard devait fatalement venir se situe au milieu des années soixante-dix, à une époque marquée par ailleurs par une forte croissance économique. Il explore alors les capacités d'analyse ou de synthèse de nouveaux signes non référentiels. Dans sa peinture *Black Jack* (3) il utilise ainsi la dynamographie de Mach tout comme, deux années plus tard, dans *The Hustler* (4), il s'approprie la répétition chronophotographique de Marey. D'un seul trait, il opère en même temps la dissociation de la forme par rapport à la couleur. En se conceptualisant, l'image tend à devenir abstraite. Il n'y est plus question d'une observation du réel, mais de la possibilité d'appréhender le dynamisme comme énergie en action, voire de saisir le mouvement comme cinétisme en acte, en fonction d'un rendu de l'être comme devenir, cadence événementielle, épiphanie continuelle de vie et d'intensité. Un véritable vertige visuel semble alors menacer ce qui reste des phénomènes de la réalité. La matérialité du monde apparaît transcendée par le battement incessant de l'énergie qui l'habite.

Peu après, Jean-Claude Meynard se libère de toute anecdote résiduelle, de toute accidentalité narrative, dans des toiles où de simples détails anthropomorphes d'un corps en action, parfois accompagnés de tracés linéaires tendus à l'extrême, traduisent le déploiement de l'énergie dans l'espace. La scène picturale elle-même, se situant sur un fond assombri et en dehors de toute dimension perspective, s'affirme à la manière de certaines images de l'écran électronique dont elle a l'immatérialité fictive et le caractère tout à la fois labile et péremptoire. Les formes, peintes avec des effets semblables à l'aura luminescente du néon, ne vivent que dans une apparition fugace et diaphane. Chaque ligne s'étend suivie ou contrée par des halos lumineux et des sillages de couleurs. La gamme chromatique est artificielle, acide et criarde, mais ses dégradations et ses intensifications matérialisent les transmutations fusionnelles de l'énergie comme lumière. Le sujet de la peinture n'est rien d'autre que l'éclat même de l'être.

Jean-Claude Meynard se laisse alors tenter par le mysticisme panthéiste. Au milieu des années quatre-vingt, une œuvre-pivot, *Le Radeau des muses* (6), lui permet de basculer dans une autre phase de recherche où, sortant en partie du graphisme dessiné des tableaux précédents, il revient d'un coup à des détails plus réalistes. Il y introduit un schéma compositionnel en S en construisant l'image sur une double spirale, c'est-à-dire sur le signe hautement symbolique du cycle simultané de la vie et de la mort. L'évolution continue de l'être comme mouvement de croissance et de perte, d'élévation et de chute devient dès lors un nouveau thème de sa peinture. Il entame ainsi une phase que l'on peut qualifier de maniériste à travers une série d'œuvres aux tourbillonnements vibrionnaires et aux rythmes linéaires exacerbés qui veulent saisir le souffle cosmique de la vie au moment même où la « *disjunctio vocum* » va précipiter l'être dans la chair, l'esprit dans la matière, la création dans les formes prosaïques de la réalité.

Célébrer le flux panthéiste de la vie signifie aussi problématiser la place du sujet au sein de l'ordre cosmique. L'énergie comme absolu ne suppose rien d'autre que des centres de gravité virtuels autour desquels la matière vient se condenser et se dissoudre, s'assembler et se perdre. Cette houle qui, dans sa folie curviligne et dans sa spatialité élastique, se tord sans cesse, se courbe soudainement, s'irradie en vagues déferlantes, s'échappe en spirales infinies, laisse bientôt la place, vers la fin des années quatre-vingt, à une interrogation sur l'homme comme présence au sein de la continuité cyclique de la vie.

Dans la série des « Corps et âmes » (6), Meynard fait réapparaître la figure humaine mais elle n'est qu'une silhouette fugitive, une empreinte de couleur aussitôt engloutie par le vent cosmique de l'énergie.

Cette tentative de nommer ainsi la permanence de l'être sous sa mobilité, de désigner la présence du sujet au sein du changement continu de la vie, s'accompagne d'une cosmogonie manichéenne. L'homme n'est en effet qu'une figure éphémère, double ou reflet, saisie dans une situation ambiguë autant que précaire. Il est impossible de dire s'il est aussitôt happé par le magma de la matière-énergie qui l'attire dans son gouffre, en le gommant de sa propre surface, ou si en revanche il s'en libère par une force centrifuge qui lui permet d'accéder au monde de la lumière. L'univers en tout cas est un espace partagé entre la clarté et le noir, la lumière et les ombres.

L'enjeu de l'humain se construit sur une dialectique en tension constante. C'est à partir de cette constatation que l'itinéraire de Meynard semble se poursuivre sur une note pessimiste.

Au seuil des années quatre-vingt-dix, il ramène les formes à la surface du tableau en créant des entrelacs fragmentés, semblables à des structures cellulaires. La disparition de la silhouette anthropomorphe donne lieu à des atomisations du champ visuel qui apparaît comme un miroir brisé.

Il retrouve les sinuosités ondulantes et continues de la ligne organique dans une série de tableaux qui semblent superposer vision microscopique et vision macroscopique, l'infiniment petit et l'infiniment grand de la vie en devenir.

En déployant cette sorte de cartographie organique ou cosmique, Jean-Claude Meynard suspend son interrogation sur le surgissement de l'être au milieu des fluctuations de l'énergie vitale.

Après avoir célébré l'énergie qui dominait le monde des années soixante-dix, il cherche à présent à restituer l'effacement de l'individu dans l'époque contemporaine. Un effacement qui va de pair avec la toute-puissance qu'il s'est donnée : les moyens technologiques par lesquels il a assis son emprise sur le monde semblent être passés du statut de pouvoir délégué à celui de puissance autonome de sorte que l'homme s'en trouve lui-même déchu. La problématique inhérente au paradoxe d'une centralité qui est en même temps une absence de l'humain est au cœur du travail actuel de Jean-Claude Meynard. Ses derniers tableaux, qui ont la structuration d'un patchwork ou d'une mosaïque murale, posent la question de la forme comme accident de la matière.

Déterminé par une sorte de morphologie moléculaire, l'espace est complètement saturé par des fragments emboîtés qui deviennent interchangeables et mouvants sous le regard. Ainsi, celui-ci est d'abord piégé par la texture de cette matière fractionnée et pourtant continue qui se déploie comme un tissu cellulaire. L'œil voit ensuite émerger peu à peu, au centre de la composition, une forme humaine qui est intimement et organiquement prise dans les multiples facettes de la surface picturale. La lecture du tableau se fait en somme par le temps nécessaire à une prise de conscience de la mutabilité des formes.

L'être n'est que virtualité, son apparition ne correspond qu'à un travail d'activation niant l'opacité et l'inertie de la matière. La dernière phase de la peinture de Meynard joue ainsi sur de multiples références.

En présentant l'image comme un rébus visuel dont le décodage apparaît ludique et métaphysique à la fois, il fait appel à la longue tradition des peintres de l'illusion optique, d'Arcimboldo à Escher. En donnant à ses tableaux l'aspect précieux de compositions tonales aux rythmes purement graphiques, il semble en revanche s'approprier l'expressivité visuelle d'autres cultures, depuis les contrastes bleutés de la mosaïque persane jusqu'aux accords de terre de l'artisanat africain. D'autres sources pourraient également être évoquées : les images fractales, les papiers collés de Matisse, le brouillage des formes du cubisme, les texturologies de Dubuffet, le géométrisme byzantin de Klimt, entre autres. Il s'agit toujours de donner corps à la continuité de la matière qui met en échec le contour, d'exprimer la totalité qui relativise l'individualité au sein de la pérennité proliférante du monde.

Chez Jean-Claude Meynard la peinture se fait puzzle avant tout parce que la matière est une énigme face à la vie. Le tableau se donne comme surface ayant la connotation d'une étendue potentiellement infinie puisque la composition naît d'un remplissage du plan qui se développe méthodiquement, sans ruptures ou transitions par rapport à son propre système. Les contrastes reviennent par alternances et répétitions, les particules minimales s'intégrant l'une à l'autre au-delà de toute orientation gravitationnelle ou autre de la structure graphique.

Au sein de ce qui apparaît comme une sorte d'ordre primordial du monde, le signe de l'humain, ce qui fait l'image, ne peut s'objectiver que comme travail du sens. Le défi que le tableau impose au regard concerne la disparition du sujet en peinture autant que l'absence de l'homme dans le monde moderne. Et c'est un défi qui tient tout à la fois de l'opération ludique et du questionnement ontologique. Le sujet se dérobe, mimétisé au milieu d'un espace morcelé qui vibre sans cesse, tout comme la présence de l'humain apparaît suspendue à jamais au sein de l'époque contemporaine. Une esthétique du trouble, celui-ci étant visuel et intellectuel à la fois, se met en place par la mise en abyme de la forme humaine ou plutôt de la silhouette anthropomorphe, le signe le plus ancien de l'art.

Abstraite et figurative à la fois, l'œuvre vit dans une dimension temporelle qui la situe entre dynamisme et éternité. Capter l'image revient en effet à saisir, l'espace d'un instant, le reflet d'une centralité humaine aujourd'hui perdue mais toujours sous-jacente et qu'il convient de reconvoquer. Même si le processus aléatoire de la formativité de la forme ne peut jamais échapper à la fatalité d'une imbrication avec le tout. Forme éphémère, apparition accidentelle et fugace, l'épiphanie de l'être nécessite un travail sans cesse recommencé. La tentative de « hisser la précarité au rang de vision », selon les mots de Cioran, est pour Jean-Claude Meynard la seule véritable tâche que puisse aujourd'hui se donner la peinture.

Giovanni Lista, mars 1994
Préface du catalogue de l'exposition « Scribes et pharaons », 1994
Galerie Lavignes Bastille, Paris.

Notes :

1. *Téléphone public*, acrylique sur toile, 1976.
   Exposition « Schizophrénies », galerie La Passerelle Saint-Louis, Paris.

2. *Vue sur l'extérieur*, acrylique sur toile, 1976.
   Exposition « Schizophrénies », galerie La Passerelle Saint-Louis, Paris.

3. *Black Jack*, acrylique sur toile, 1980.
   La Closerie des Lilas, Paris.

4. *The Hustler*, acrylique sur toile, 1979.
   Exposition « La Vie en Jeu », galerie Jean-Pierre Lavignes, Paris – Zoma Gallery, New York.

5. *Le Radeau des muses*, acrylique sur toile, 1985, 1987.
   Exposition « Le Radeau des muses », galerie Lamaignère Saint-Germain, Paris.

6. *Corps et âmes*, acrylique sur toile, 1989, 1990.
   Exposition « Corps et âmes », galerie Lamaignère Saint-Germain, Paris.

Les Muses I
1986

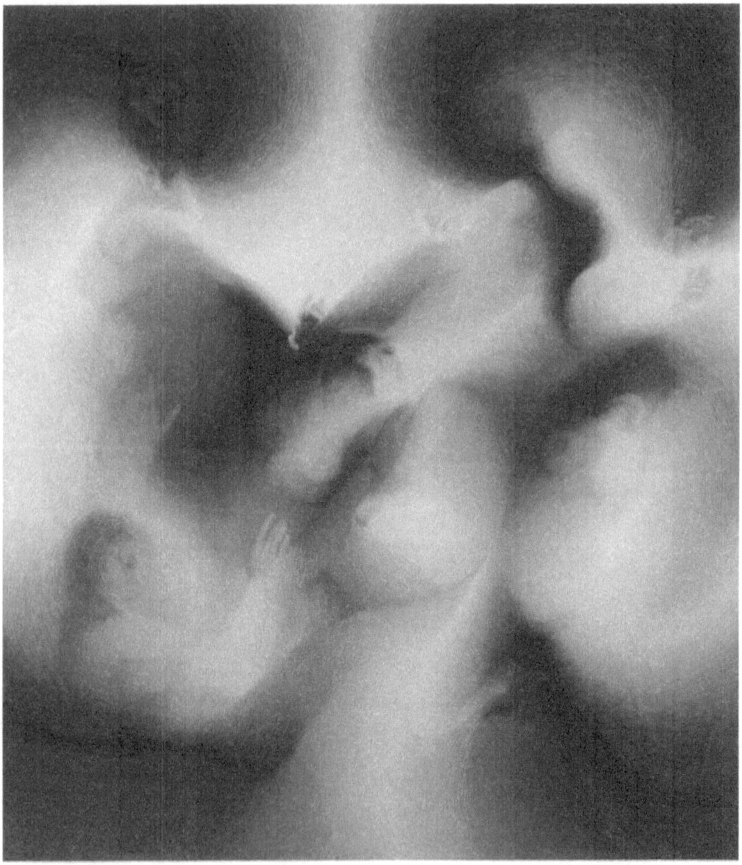

Peinture, acrylique sur toile – 200 x 200 cm.

Le Radeau des muses

L'aventurier de l'arche perdu
Henri-François Debailleux

La spirale, figure idéale
Henri-François Debailleux

Le corps héroïque de la peinture
Nicolas Bourriaud

La Chair rêvée
Élisabeth Préault

Quand la peinture ne tient plus… qu'à un fil
Gérard Barrière, Nicolas Bourriaud, Philippe Carteron, Pierre Corcos, Nathalie Darzac, Henri-François Debailleux, Giovanni Lista

L'aventurier de l'arche perdue

« Faire vivre la peinture... »

Par Henri-François Debailleux

S'il existait une déesse de la peinture, Jean-Claude Meynard en serait sans aucun doute l'un de ses principaux idolâtres. Malheureusement, le monde entier a beau avoir eu ses dieux de l'art, de l'Égypte, avec Thot, à la Grèce, avec Apollon, en passant par l'Inde, avec Ganesh et Lakshmi, il n'a jamais vu naître cette déesse spéciale. La peinture s'en est passée et Meynard l'a d'autant plus admis que lorsqu'il apprend à peindre, à la fin des années soixante, la peinture est jugée moribonde. À défaut d'idolâtrie, sa passion croît, ce qui l'entraîne vers ses premières expositions et séries (en 1972).

Autour du pop'art d'abord, puis de l'hyperréalisme (1973-1974), Par lui, Meynard est entré en concept et commence à se pencher sur la disparition du sujet et de la figure, grâce à une distanciation froide et un travail de grande précision pour brouiller l'image. Celle-ci l'est d'ailleurs encore plus avec la série suivante, « Schizophrénie » (en 1976) qui tente de mettre en accord une forme picturale et un sujet. En 1977 « Série noire » pousse l'idée pour que seule la peinture donne une sensation de malaise et force le spectateur (clin d'œil à Duchamp oblige : « ce sont les spectateurs qui font le tableau ») à avoir un regard paranoïaque.

C'est la fin du sujet.

Avec « La Vie en Jeu » (en 1979), Meynard essaie alors, selon ses propres termes, de « faire vivre la peinture alors que le sujet était dépassé », par le biais des mises en scène et du mouvement. À partir de là, les jalons sont posés sur la piste de ce nomade : espace, mouvement, champs de force, matière, couleur, lumière. Seul le paysage changera, au fil des séries (« Héros-dynamisme » en 1982, « Corps et graphiques » en 1983), pour favoriser le cadre d'une éventuelle renaissance du héros, du corps héroïque de la peinture, et tenter de maintenir le sujet hors de l'eau.

Attaché à la peinture comme des survivants à un radeau, Jean-Claude Meynard croise alors Géricault, met le cap sur une nouvelle série, « Le Radeau des muses » (à défaut de déesse !), et appelle Sardanapale à la rescousse. Autant de sujets qui ne sont qu'une attitude (la modernité par la tradition), que des prétextes et des métaphores en abîme pour allumer le bûcher de la peinture. Mais en embrasant les mémoires, l'une individuelle (réflexion de sensations personnelles), l'autre collective (celle de l'histoire de l'art avec en phares le romantisme, donc, mais aussi le futurisme, Boccioni en tête), il crée aussi une superbe dynamique. Et de cette collusion, de cette fusion émerge la figure idéale : la spirale. Celle qui sait allier énergie, vitesse, mouvement et, ici, violence chromatique pour élever le combat et draper l'ensemble d'une beauté rédemptrice qui fascine et pétrifie celui qui la regarde.

H.-F. Debailleux, juin 1988
Article de presse sur l'exposition « Le Radeau des Muses »,
Galerie Lamaignère – Saint-Germain, 1988.

La spirale, figure idéale

À propos du *Radeau des muses*

Par Henri-François Debailleux

Inspiré d'un fait divers – le naufrage de la frégate *Méduse* en 1816 – le *Radeau de la Méduse* de Géricault est avant tout une plateforme métaphorique idéale. Au-delà de l'engagement personnel que suppose le choix du sujet, la toile navigue aussi bien sur l'évocation des conflits de l'époque que sur l'image d'une figure humaine ballottée entre la mort et l'espoir, reflet du « désespoir d'une génération sans guide ».

Variations sur le *Radeau de la Méduse*, le *Radeau des muses* de Jean-Claude Meynard est avant tout une reprise de la métaphore en abîme. Loin de couler, le radeau suit son cours, qui focalise ici les mémoires, mémoire individuelle d'une part, celle d'une réflexion de sensations personnelles, mémoire collective d'autre part, celle de l'histoire de l'art avec en phares le romantisme et le futurisme (mouvement et couleur).

Deux mémoires sur un radeau, cela crée des vagues. Et des tourbillons. D'autant plus forts que les deux agissent comme des forces. En toute logique, leur choc, par effet de couple, va libérer une dynamique. Par son effet plus actif (élan de l'être) la première peut se rapprocher de la figure de la droite. Or, si mathématiquement celle-ci est infinie, son dessin – le segment de droite – est toujours trop court pour pouvoir prétendre symboliser l'infini et inviter à sa poursuite. Par son effet plus passif (inconscient collectif) la seconde peut, elle, se rapprocher de la figure du cercle, que l'imagination peut parcourir sans jamais s'arrêter. Le cercle, boucle bouclée sur elle-même, sans commencement ni fin, qui constitue le symbole de l'absolu, de l'infini, de l'éternel retour, et ce, principalement sous la forme de l'ouroboros, le serpent qui se mord la queue. C'est l'absolu jouissant de lui-même, calme, se contentant de la plénitude de l'être.

Dieu avant la création en somme. Mais cette création a eu lieu et il fallait donc à l'homme une image de l'absolu-infini qui soit plus dynamique et permette un mouvement de l'absolu hors de lui-même – la création – et un mouvement de cette création vers l'absolu. Exactement entre la dynamique de la droite et la passivité du cercle, se pointe la figure idéale la spirale.

Résultat de l'opération combinée de deux mouvements, la rotation d'une part, l'expansion ou la contraction d'autre part, la spirale devient mouvement vers la périphérie (centrifuge), qui fait éclater et diffuse, ou mouvement vers le centre (centripète) qui balaie et recentre le tout vers ce point (imaginaire) infini, de fuite, de suite, et de renaissance, donc de survie. C'est parce qu'elle est aspirée, tendue vers ce point (l'espoir) que l'une des muses de Jean-Claude Meynard, au terme d'un combat épique et vital, va pouvoir s'en sortir. Et avec elle la peinture, puisqu'elle en est sa métaphore.

Henri-François Debailleux, avril 1986
Catalogue d'acquisition de la Caisse des dépôts et consignations

LE CORPS HÉROÏQUE DE LA PEINTURE

Propos sur *Le Radeau des muses* de Jean-Claude Meynard

Par Nicolas Bourriaud

Baudelaire était bien dans l'œil du cyclone... À l'exacte intersection de ce qui doit mourir et de ce qui doit naître, entre la passion métaphysique et le silence de la peinture, c'est-à-dire entre Delacroix et Manet, il se retrouve écartelé par ce choix, paniqué par l'irrémédiable. « Vous êtes le premier dans la décrépitude de votre art », lance-t-il à Manet. Et cette « décrépitude » réside dans la disparition progressive de l'image et du sujet, dans l'éloquence étouffée par le déferlement des touches. Mais il s'agit surtout de l'éclatement d'une image héroïque de l'individu, noyé dans les rues par la foule urbaine et écrasé sur la toile par la bidimensionnalité... Comment le modernisme baudelairien a-t-il pu se cabrer ainsi devant l'apocalypse du sujet ? Parce qu'en France, gouffre pour gouffre, on a toujours préféré y plonger à rebours. Parce qu'il existe une passion française pour le crépusculaire, pour le faisandé magnifique, pour la danse macabre déguisée en flamboyant feu d'artifice...

Et si nous savons désormais que les héros meurent quand les systèmes s'écroulent, le choix baudelairien reste le nôtre : nous avons d'ailleurs les Delacroix que nous méritons et des Manet en pagaille !

Définissons ce terme de « héros » pictural comme un système qui lierait sujet et mythe, sujet et valeur : Delacroix le trouvait encore dans l'enchevêtrement des batailles, ou Boccioni dans la machine à pleine vitesse, mais aujourd'hui, il n'est pas d'autre possibilité que de le chercher en dehors de nous, dans une exploration méthodique du champ interactif qui existe entre les figures, non pas dans la présentation mais dans son négatif. Le « héros » de la peinture a définitivement déserté l'humain. Comme l'écrivait Henry Miller, « maintenant le monstre est invisible. Il y en a des billions dans un grain de poussière ». Et cette tentative, désespérée, de reconstituer le corps héroïque de la peinture est centrale chez Jean-Claude Meynard, qui méthodiquement, froidement même, travaille à recréer des conditions propices à sa venue ; mais il ne reviendra plus. Le charme est rompu, et si Meynard fascine, c'est parce qu'il a perdu d'avance la guerre des styles, et que son œuvre est le brasier glacial où crépite l'éloquence de la peinture, tisonné par un geste beaucoup trop lucide pour s'oublier dans la malédiction. Peut-on insuffler la vie à une motte de terre ? Peut-on former un être humain à partir d'un cadavre ? Quelques-uns essayèrent… C'est en tout cas la quête de quelques peintres dont le seul tort aura été de ne pas nous accompagner, tête baissée, dans la « décrépitude ».

Nicolas Bourriaud – mai 1988
Préface – Catalogue de l'exposition « Le Radeau des Muses »,
Galerie Lamaignère – Saint-Germain, 1988.

La chair rêvée

Propos sur le *Radeau des muses*

Par Élisabeth Préault

Corps mêlés de femmes nues.

Le regard parcourt des courbes de hanches, des sillons de chevelure, des mains tendues… s'y perd comme si les formes n'avaient plus d'appartenance, libérées, fragments vivants de la seule couleur et du tracé qui à peine les limite.

Pour parfaire le mirage, J.-C. Meynard entraîne ces corps de femmes dans un mouvement de spirale auquel l'espace participe tout entier – happée par les volutes, l'étendue tourbillonne jusqu'à n'être plus que la continuité même des corps.

Corps nus, absolument, mais dont la nudité n'est pas l'essence comme si la forme hallucinée des tracés nous renvoyait davantage à l'image d'une chair rêvée qu'à une réalité de la chair.

Lorsque J.-C. Meynard parle de son *Radeau des muses*, il évoque la mémoire ou plutôt les mémoires confondues, futur, présent, passé, ce tourbillon d'images émotions qui décolorent la matière grise jusqu'à faire naître la couleur et les rythmes, seules traces tangibles d'une histoire.

À suivre l'espace courbe de ces apparitions et le formidable jeu de lumière qui les porte, le regard se laisse à son tour happer par la spirale, maelström des mémoires, les corps déstabilisés se poursuivent dans le temps : aux hanches lumineuses qu'exalte le tracé, s'opposent des mains tendues, saisissantes, primitives, qui, captant à elles seules les couleurs des plus denses de la toile, rappellent l'empreinte des origines.

Au final, la plongée du regard dissout les corps prétextes.

Reste, en pleine puissance, l'émotion du mouvement qui les a fait naître.

Élisabeth Préault, juin 1985

Extrait – Catalogue de l'exposition « L'Art vivant au lycée »

Quand la peinture ne tient plus qu'à un fil...

Gérard Barrière
Nicolas Bourriaud
Philippe Carteron
Pierre Corcos
Nathalie Darzac
Henri-François Debailleux
Giovanni Lista

Pour l'exposition de J.-C. Meynard, « Corps et âmes » (1990) à la galerie Lamaignère Saint-Germain, sept personnes du monde de l'art ont choisi une œuvre sur laquelle ils ont laissé libre cours à leur imaginaire...

Nicolas Bourriaud *devant la peinture :* Le Dormeur

Tout peintre postule la mort de la peinture. Dans ce sens, tout peintre se double d'un exécuteur testamentaire : l'art se situe à l'épicentre d'une zone mouvante délimitée par la distance que prend l'artiste avec son propre cadavre. Corps, âme : cartographie des limites.

Giovanni Lista *devant la peinture :* Le Titan

Dans cette nouvelle tentative pour atteindre l'immatériel par le concret de la peinture, J.-C. Meynard a choisi d'intégrer un matériau iconique central : le corps comme lieu éphémère du rayonnement spirituel. L'homme apparaît mais il n'est qu'un signe dessiné par le vent, une présence fantasmatique surgissant du travail continu de la matière-énergie.

H.-F. Debailleux *devant la peinture :* L'Éternelle Question

L'ombre n'insiste pas. Déjà emportée par le tourbillon et dispersée par la spirale, elle sait que les heures ont perdu tout pouvoir sur le temps. En réserve, seule écriture épargnée par la démesure, le dessin reste. Unique mémoire qui ne tient qu'à un fil.

Gérard Barrière *devant la peinture :* L'Apparition de dos

Il n'est pas blasphématoire de dire que Dieu voit double. Enivré lui aussi de sa création, et d'avoir jeté la forme humaine dans le cirque de ce qui ne connaît plus ni forme ni homme.

Nathalie Darzac *devant la peinture :* Sous la chevelure

Point de risées ni d'amers. Entraîne corps et biens. Le regard ne peut plus que tourner et couler lui aussi parmi ces corps et ces âmes sans cesse mêlés et démêlés. Suspendus entre apparaître et s'évanouir, entre la forme et le signe, entre la ligne et la lumière…

Pierre Corcos *devant la peinture :* Et la Femme ?

Maelström ! Sauver la femme. Et la forme ? De la croit rouge, spire allume mini-homme vers… « *Come in* » et froisse art, grand'Meynard !

Philippe Carteron *devant la peinture :* Et l'Homme ?

De l'ange naît le saut, puis de la courbe s'inscrit le mouvement ; des lignes en amplifient la constance et son infinie immortalité. Et les signes enfin surgissent, la révolution peut commencer.

Extrait – Catalogue de l'exposition « Corps et Âmes », 1990, Paris.

Le monde de Babel
2010

Installation, Art Paris, Grand Palais
Galerie Riff Art Projects.

Fractal

Une mise en œuvre du paradigme de la complexité

« Je ne suis pas critique d'art, à peine un peu philosophe… »

Par Évelyne Biausser

Je ne me souviens plus très bien comment, ni à quelle occasion, mais un jour j'ai « rencontré » l'art fractal de Jean-Claude Meynard et j'ai tout de suite senti une intense curiosité à assouvir.

Bien évidemment mon intérêt pour les fractales a joué en premier, les fractales qui permettraient peut-être de penser l'enchevêtré (1), et qui me semblaient donc prémisses d'une autre forme de pensée dans un siècle où l'on n'utilisait encore et toujours que du linéaire à deux dimensions, horizontal et vertical.

Ensuite, au-delà de ma curiosité artistique, je désirais avidement connaître une autre traduction de la pensée de la complexité que celle que je pratique, à savoir l'approche philosophique mise en mots.

En lisant le Manifeste fractaliste dont Jean-Claude Meynard a été signataire, si le « paradigme de la complexité » me semblait clair au titre que je véhicule depuis des années la pensée d'Edgar Morin, je m'interrogeais sur les façons de le traduire par l'expression artistique…

Quand j'eus rencontré Jean-Claude Meynard et entendu ses explications, son construit du monde, j'eus la certitude qu'il fallait que je retransmette notre commune approche pour relier encore mieux ce qui est habituellement séparé : art et science.

Mais alors un frein nouveau m'apparut : je ne voulais pas faire une critique d'art de plus sur J.-C. Meynard sans en avoir la compétence qui plus est. Car c'est le grand souci du « trans » : dès lors que l'on veut joindre des disciplines conçues comme séparées, comment éviter d'en parler avec la langue de l'une ou de l'autre ?

Je ne suis pas critique d'art, à peine un peu philosophe… donc je m'engage dans le défi qui n'est pas pour me déplaire : traduire la complexité par l'expression artistique, et l'expression artistique par la pensée complexe morinienne !

Premier questionnement, naïf questionnement : pourquoi un art fractal ?

« Face à ces mutations, sans doute convient-il d'inventer d'inimaginables nouveautés… », écrit Michel Serres dans son livre, *La Petite Poucette.*

En 1997, onze artistes signent sous le nom « Les Fractalistes – Art et Complexité » le texte suivant, qu'ils intitulent le Manifeste du fractaliste.

1 – C'est en fonction de propositions communes que nous nous regroupons. Ce collectif affirme avec ses œuvres le paradigme de la complexité chaotique-fractale.

2 – La problématique d'Art et Complexité est d'abord et avant tout une organisation visuelle, le potentiel à une construction sans limite, dans un processus sans fin.

3 – Notre activité fractaliste se manifeste au travers d'univers où abondent les formes aléatoires et proliférantes.

4 – Nous abandonnons la rationalité euclidienne au profit de processus imprévus et non programmés.

5 – La vision labyrinthique et son parcours aléatoire se proposent de reconstruire l'imaginaire et d'ouvrir une perspective nouvelle.

6 – Dans la spirale ordre-désordre, l'œuvre est l'émergence éphémère d'une hybridation : un passage.

7 – L'activité fractaliste, de la peinture aux nouvelles technologies, cristallise un champ où se matérialisent réseaux, jeux d'échelles, prolifération, autosimilarité, hybridation, récursivité, structures dissipatives, « effet papillon », attracteurs étranges, infinitisation.

8 – Toutes nos œuvres sont maximalistes ; c'est par l'excès d'informations que l'on accède au vertige fractal.

9 – Le paradigme de la complexité chaotique-fractale constitue la dynamique privilégiée de la recherche contemporaine, des pratiques et du savoir.

10 – Aujourd'hui, nous nous engageons dans un renouveau radical du modèle de la création.

Groupe « Les Fractalistes – Art et Complexité » (2)

J.-C. Meynard s'engageait ainsi dans une nouvelle forme d'art, comme il l'expliqua lui-même, « pour échapper au vide qui régnait depuis l'après-guerre, alors qu'en sciences comme en art, on rêvait d'autre chose ».

Dans les années quatre-vingt, déçu par la fausse illusion de nouveauté de la décennie, il avait ressenti l'urgence d'une forme d'écriture artistique différente. Il avait rencontré Benoît Mandelbrot dans les années 1986-1987, et les fractales lui étaient apparues (ainsi qu'à une vingtaine d'autres artistes dans le monde) à la fois comme le vecteur de cette nouvelle écriture artistique qu'il recherchait, et comme la focale différente qui pourrait changer le regard sur la société, et donc changer la société... Si la connaissance est scientifique, alors « il faut proposer l'art comme un mathématicien ».

Mais la séparation des disciplines et des approches règne et il est bien difficile de faire admettre un regard artistique/scientifique dans un monde qui n'a rien vu venir du changement, « un monde de sourds-muets qui ne veut pas bouger ».

Jean-Claude Meynard, dans les quinze ans qui suivirent le Manifeste, construisit peu à peu en même temps une œuvre et les nouvelles expressions qui en sont le produit et le producteur. Les titres de ses expositions retracent les jalons fondateurs de sa démarche : « Tohu-Bohu », « Le Temps fractal », « Les Infinis », « Babel, géométrie des énigmes », « Métamorphoses », « Hybrides et autres mutations », « Fractal Bestiary », « L'Animal fractal que je suis »...

La science mathématique l'inspire désormais : ses labyrinthes et ses puzzles sont construits en utilisant les algorithmes dès les années quatre-vingt, puis les « outils du net qui depuis huit ans apportent une véritable révolution pour travailler le virtuel », suivis des courbes de Pierre Bézier – courbes polynomiales utilisées dans la conception informatique de pièces automobiles et par la suite dans la synthèse d'images – et des travaux mathématiques et informatiques de Gérard Berry…

Une émergence de la pensée morinienne : « Ce que tu as vu n'est plus et ce que tu verras n'est pas encore » (3).

Le paradigme de la complexité tel que l'a énoncé Edgar Morin dans les années quatre-vingt-dix posait le changement, voire la métamorphose que notre pensée occidentale connaîtrait, en s'affranchissant du formatage cartésien qui nous gouverne depuis trois siècles.

Ce principe de changement se retrouve dans l'œuvre de Jean-Claude Meynard en quatre applications fondamentales :

Le changement de regard

Abandonner la perspective euclidienne pour figurer un objet fractal demande le même changement d'échelle que passer d'une pensée linéaire à une pensée de l'enchevêtré.

Si nous ne changeons pas de focale, nous continuerons de vouloir faire entrer des décisions enchevêtrées dans les deux dimensions d'un empilement de strates et d'une juxtaposition de silos, ou continuerons de croire que la multiplication exponentielle des interactions en cours dans le monde, n'est qu'un accroissement linéaire.

Une société mondialisée n'est pas l'accroissement d'un État-nation, elle appelle une autre organisation pour en traiter les problématiques, demandant un regard ayant changé d'échelle pour en trouver les réponses.

Le regard de J.-C. Meynard ne lit pas le monde en deux dimensions mais s'efforce de s'en affranchir. En multipliant les plans, les perspectives, les reliefs, les formes, il crée une vision labyrinthique et complexe comme un jeu de zoom. Il recompose les formes, les couleurs, les espaces existants, en mettant en évidence leur interdépendance, au demeurant cachée à l'œil rationaliste.

Dans un objet fractal, il y a la permanence de la structure, mais la variance des échelles modifie certains détails, voilà bien qui sollicite une compétence nouvelle de vision, obligeant l'œil et l'esprit à sortir de l'analyse par élément, objet par objet, ou problème après problème.

En nous donnant à voir des objets fractals au travers de ses entrelacs et réseaux infinis, et malgré la difficulté du support figé, J.-C. Meynard rend notre vision compétente à coconstruire avec l'œuvre notre sortie du linéaire.

Le changement d'outils

Sur le fondement très réaliste qu'on ne fait pas autre chose sans rien changer, J.-C. Meynard en est venu à utiliser de nouveaux matériaux et des outils novateurs issus du numérique.

Le plexiglas, le Diasec – technique de silicone à froid utilisée dans les arts graphiques –, les programmes informatiques, les impressions numériques, alliés à l'enchevêtrement de sculptures, architectures et tableaux, contribuent à faire parler aux œuvres un langage global : l'œil ne saisit ni le sens ni la totalité de l'œuvre d'un seul coup. Mais là encore, la dimension est fractale, car notre entendement peine aujourd'hui – formaté qu'il est dans l'ordre du linéaire – à entrer dans l'enchevêtrement structurel d'un objet fractal.

Le changement d'expression

Le militantisme pour une autre forme d'expression est inhérent aux nouveaux fondements scientifiques de l'art énoncés par les Fractalistes. « Nous voulions une autre forme d'écriture artistique, qui ne s'appuie pas sur l'art et la science, mais qui propose l'art comme un scientifique, conçu avec les avancées de la science, bref qui ne fasse pas comme si rien n'avait bougé… » Jean-Claude Meynard travaille donc sur l'image comme nouvelle écriture, tout d'abord sous l'aspect hyperréaliste, ensuite grâce aux avancées du virtuel, qui permet une hyperréalité non réelle, tout comme celle des images fractales.

Devant ses œuvres, notamment la sculpture *World*, pour ne citer que celle-ci en un court instant de panique, on se demande dans quel espace-temps l'on se trouve : est-on un grand humain dans l'infiniment petit ou une particule dans l'infiniment grand ?

Plus son œuvre va, et plus la notion d'espace semble se dissoudre à notre regard. En brouillant les références classiques qui nous permettaient de nous situer spatialement, l'œuvre de Jean-Claude Meynard se décale vers une finalité temporelle. L'éphémérité et l'émergence deviennent dimensions prégnantes, expression relatant une fois encore le changement de phase de notre société, où le temps a fini par absorber l'espace.

Le changement de société

Enfin, derrière le paradigme de la complexité, il y a l'espoir de changer la société – pour ceux qui ont pris conscience du vieillissement de ses structures, inadaptée : la stabilité des siècles précédents s'est muée en pétrification.

L'art fractaliste veut arrêter de stagner par négation du changement. Il veut aussi privilégier l'interdépendance entre les échelles, telle que le permettent les fractales : même importance du global et du détail, chacun se comprenant par l'autre en une interdépendance construisant le sens du tout ; même importance du près et du loin, créant chez Jean-Claude Meynard une curieuse et différente perspective qui réveille l'œil et l'oblige à un effort pour se situer, tout comme dans le vertige de certaines images fractales. La complexité ne se traduira jamais par la simplification, mais bien par la complexification consciente des inter-rétro-actions.

L'art fractaliste privilégie largement les reliances, il ne s'agit plus d'art et science, mais d'une production de l'ordre du « trans », qui sorte des cases bien étroites des disciplines séparées afin d'émerger à une échelle supérieure globale. En somme, un nouveau construit du monde qui débouchera peut-être sur les constructions d'un nouveau monde.

Conclusion aléatoire

L'art de Jean-Claude Meynard ne pouvait que me parler et me plaire. Le même paradigme fondateur de la pensée complexe nous anime. Nous partageons les mêmes souhaits pour l'avènement d'un futur où le changement d'échelle soit enfin perceptible et traduit en faits de société, tels que l'ouverture des cases, permettant une intelligence du monde plus créatrice. Et nous formons le même espoir – à pensée nouvelle, nouvelles clés – que les fractales facilitent l'accès à un monde (déjà) enchevêtré, en nous permettant d'y vivre mieux.

Novembre 2013

Notes :

1. Le concept d'« enchevêtré » sera développé par Évelyne Biausser dans son livre : *La Construction systémique des connaissances*, Éditions universitaires européennes, février 2018.

2. Le Manifeste fractaliste a été publié pour la première fois sur le site d'art NART en octobre 1997. Il fut également publié dans la revue d'art mensuelle *Art Press* numéro 229, en novembre 1997. Il fut cosigné par les membres du groupe fractaliste de l'époque et accompagné d'un texte d'Henri-François Debailleux, critique d'art et commissaire d'expositions fractalistes.

3. Léonard de Vinci, Carnets.

L'imaginaire prend le dessus sur l'équation

par Thierry Cattan

Qu'est-ce qu'une fractale ?

Il est bien difficile de trouver une définition précise de ce qu'est une fractale lorsque l'on n'est pas mathématicien. Disons alors simplement qu'une fractale est une fonction mathématique qui répète une même opération à l'infini et qui est ainsi susceptible de produire des figures dont chaque partie est une image du tout. Toutefois il est possible d'introduire un tel nombre de variables dans ces processus (voire des variables aléatoires) que l'on peut ainsi produire une diversité infinie d'images.

Dans le domaine des sciences, les fractales ont permis de modéliser un certain nombre de phénomènes extrêmement complexes comme les tourbillons, la diffusion erratique de certains produits en milieu liquide ou plus simplement un relief montagneux accidenté ou certaines formes ajoutant un triangle aux trois côtés d'un végétal.

La puissance de calcul des ordinateurs permet aujourd'hui avec des programmes plus ou moins complexes de produire ainsi des figures abstraites qui d'une part s'avèrent présenter une certaine beauté plastique mais peuvent aussi et surtout être investies d'une multitude de significations.

Le fractalisme

Le fractalisme est un mouvement artistique qui prend sa source à la fin des années 1970 avec l'ouvrage de Mandelbrot, *Les Objets fractals*, et se développe dans les années quatre-vingt et quatre-vingt-dix.

Jean-Claude Meynard appartient au groupe « Art et Complexité » dont il signe le Manifeste fractaliste avec entre autres Pascal Dombis, Carlos Ginzburg, Yvan Rebyj et Pierre Zarcate, affirmant avec leurs œuvres « le paradigme de la complexité chaotique – fractale » et s'engageant dans un « renouveau radical du modèle de création ».

L'œuvre de Jean-Claude Meynard

Nature et géométrie

Si nous ne savons confondre une œuvre d'art avec une théorie scientifique, c'est que l'art tend à explorer les limites de la connaissance discursive, à en extrapoler les potentialités, à donner sens et vie à des théories que l'objectivité confine à l'inertie.

Il s'agit pour Jean-Claude Meynard, comme pour les scientifiques, suivant des modalités qui leur sont propres, de déchiffrer le monde qui nous entoure.

Ainsi le mysticisme pythagoricien qui fit du nombre le principe de toute chose a-t-il trouvé un écho tant dans le domaine des sciences que dans celui de l'art. Ainsi les fractales de Jean-Claude Meynard poursuivent-elles le rêve ancestral de retrouver dans la foisonnante complexité du réel l'indice mathématique de son mystère.

Ordre et désordre

Encore est-il que la nature ne se conçoit pas comme un ordre simple et figé mais comme un ordre d'autant plus complexe qu'il est en perpétuelle transformation. Il appartient donc à l'artiste de nous en faire découvrir les potentialités infinies.

La singularité de la démarche artistique de Jean-Claude Meynard est de se libérer de l'aspect déterministe des programmes, en l'occurrence informatiques, pour recréer du réel, refigurer la complexité de notre temps, renouveler enfin un modèle de création ; chez lui, l'imaginaire prend le dessus sur l'équation.

Les œuvres fractales de Jean-Claude Meynard, se présentent de prime abord comme une sorte de chaos au sein duquel l'œil cherche son chemin sans véritablement se rendre compte qu'il est en train de le créer lui-même. Si l'on peut en effet parler de chaos c'est qu'il n'y a pas d'ordre préétabli, pas de lecture prédéfinie de l'œuvre mais un parcours du regard à chaque fois singulier qui nous fait pénétrer dans le labyrinthe de la vie. Il revient ainsi à chacun de recomposer la figure du vivant dans le mouvement même de la contemplation de l'œuvre.

Le temps du regard devient celui, organique, de la vie.

Le fini et l'infini

C'est l'une des caractéristiques de l'art fractal que de se jouer de l'infini, de fractionner le réel pour en découvrir toute l'étendue dans la moindre de ses parcelles.

Multipliant les plans, les espaces, les horizons, Jean-Claude Meynard nous fait pénétrer dans les arcanes du réel où l'infiniment petit semble toujours vouloir faire écho à l'infiniment grand. S'il n'est certes pas possible de représenter l'infini, du moins les fractales nous en donnent le vertige. Les figures se multiplient à des échelles diverses ne perdant jamais leur identité que pour en dévoiler la myriade des facettes.

Chaque figure devient alors un univers dont nous ne saurions jamais tout à fait connaître le secret et dont chaque instant de l'existence devient un abîme dans lequel l'éternité entière pourrait venir se perdre.

Thierry Cattan

Texte pour l'exposition « Meynard Fractal », avril 2005
Musée et Maison des arts, Évreux.

Dialogue I

Identité, comme le terme l'indique...

Henri-François Debailleux – Jean-Claude Meynard

Henri-François Debailleux

Qu'entendez-vous par cette notion « d'identité » qui occupe une place très importante dans votre travail depuis de nombreuses années ?

Jean-Claude Meynard

Comme le terme l'indique, je m'intéresse là à la définition de l'image. Pour l'aborder, j'ai choisi, depuis maintenant près de vingt ans, d'utiliser la géométrie fractale, cette géométrie de l'aléatoire qui puise dans les principes de réseaux, de trames, et met en jeu une multitude de paramètres avec lesquels je construis une image au sens de construction géométrique. Celle-ci, avec tout ce qu'elle suppose de complexité, d'éléments imbriqués, mixés, me permet de proposer la représentation d'une nature, c'est-à-dire d'une forme connue avec – en même temps – sa géométrie.

H.-F. D. Vous insistez toujours beaucoup sur la coexistence de ces deux aspects, l'image et sa structure, qui sont au centre de votre démarche...

J.-C. M. Et j'insiste à nouveau ! Par exemple, si l'on prend un portrait, je redéfinis ce portrait sous la forme d'une cartographie intégrée au sujet. En fait, il s'agit du sujet mis en cartographie, avec tous les paramètres et dimensions de celle-ci (abscisses, ordonnées) qui relèvent de la géométrie et donc d'une abstraction. En prenant comme point de départ les réseaux et les trames, cette géométrie donne au sujet l'aspect d'une construction en fil de fer et nous fait entrer dans une dimension autre, invisible à première vue. Une dimension intime. Comme si nous descendions dans une profondeur atomique, au vrai sens du mot « atome ». Ces microréseaux entraînent différentes connexions, différents niveaux de lecture, à commencer par celui de l'imaginaire qui peut nous faire voir le système sanguin ou nerveux, avec ses synapses et ses neurones, le tout étant, à une certaine échelle, une définition du sujet.

H.-F. D. Ou, comment nous sommes construits, d'un point de vue biologique ou génétique, avec un code, un ADN et ses spirales. En fait, l'image qu'on a sous les yeux donne à voir le sujet et en même temps la structure qui le compose. D'où la saturation de l'espace et la complexité visuelle très dense de vos œuvres, comme l'indiquent d'ailleurs leurs titres : *Excès*, *Expansion*, *Connexion*…

J.-C. M. Exactement, le spectateur voit cet empilement, cet emboîtement de lignes et de plans qui brouillent complètement la forme initiale. Il n'y a alors plus du tout d'évidence. Car dans ce chaos, ce vertige visuel, il devient très compliqué de trouver des repères. À la limite, le sujet de l'œuvre semble perdu. C'est alors au spectateur d'effectuer un travail et, avec la volonté de son regard, de reconstituer une figure. Avec ce nouveau réel que je présente, cette redéfinition de la figure, j'essaie de donner des espaces virtuels et d'autres pistes de lecture puisque les différents éléments ne se masquent pas les uns les autres et permettent aussi bien, et en même temps, une approche micro que macro.

H.-F. D. Vous évoquez la figure du portrait, il s'agit en fait toujours d'autoportraits. Pourquoi ce thème, que vous avez certes traité de différentes manières, est-il récurrent dans votre œuvre ?

J.-C. M. Si j'ai plutôt choisi l'autoportrait que le portrait, c'est tout simplement parce que l'autoportrait est quotidiennement à ma disposition.

H.-F. D. Comme chacun peut se voir au moins une fois par jour dans son miroir. Ce qui n'est d'ailleurs pas un vrai portrait mais la représentation que l'on veut bien voir de soi, de la même manière qu'une photographie n'est qu'un cliché, un instantané.

J.-C. M. En effet, cela dit, dans mon travail, l'autoportrait n'a de sens que comme forme emblématique des portraits de chacun. Avec cette forme, cette matrice, je propose la figure la plus communicante : en la voyant, on l'identifie immédiatement comme une tête. En fait cela produit un effet miroir. Je pars de ce code basique, ce portrait-matrice, pour ensuite le démultiplier et créer ainsi par prolifération une nouvelle figure.

H.-F. D. En prenant cette forme, vous incitez le spectateur à faire le même chemin que vous, c'est-à-dire à découvrir, augmenter et enrichir sa cartographie initiale. C'est la même chose que le passage d'une simple fiche d'identité, binaire, avec date et lieu de naissance, à une perception de plus en plus complexe de la personne caractérisée par d'autres éléments, son groupe sanguin, ses idées, ses joies, ses peurs…

J.-C. M. Oui, à partir de la géométrie que je propose, le spectateur est emmené dans un monde de plus en plus personnel, intime, profond. À tous les niveaux de conscience (regard, mémoire, imaginaire), il procède à sa propre identification.

H.-F. D. Selon les éléments qu'il utilise, chacun verra forcément des images différentes et fera sa propre cartographie d'une identité, la sienne ou toute autre identité. Vous espérez ainsi donner au spectateur la curiosité et l'envie de faire un voyage en construisant son propre itinéraire. Il s'agit pour lui d'aller au-delà d'une connaissance simple, de surface, déjà nommée, prénommée, pour découvrir des aspects et des angles de combinaisons inattendues. Comment y parvenez-vous ?

J.-C. M. Nous venons de parler du portrait et de l'identité. Mais plus simplement, on peut prendre l'exemple d'une chaise. Il est pratiquement impossible de la voir dans son ensemble. Pourtant, lorsqu'on présente cet objet à quelqu'un et qu'on lui demande de l'identifier, il y parvient tout de suite. Toutefois, en détaillant sa définition, on peut facilement montrer qu'une chaise a des pieds, un dossier, un siège, éventuellement des bras. En détaillant plus encore, on peut parler des couleurs, des matières, des jeux de fibres, et ainsi de suite.

Avec une connaissance de plus en plus approfondie, avec des éléments de plus en plus nombreux, on se retrouve face à une telle somme d'informations qu'au final, on n'identifie plus la chaise. Et ce sera donc à partir d'indices et de leur interdépendance que l'on pourra retrouver l'identité de l'objet.

H.-F. D. Un peu à la manière de ce jeu Brainstorming, dans lequel on doit retrouver un objet ou une idée à partir de différentes caractéristiques. Chacun va réagir selon ses propres références, qui ne sont pas forcément celles de son voisin, et arrive à un résultat équivalent avec des trajectoires et des cheminements différents.

J.-C. M. Exactement, avec cette approche, je demande au spectateur d'avoir une attitude active en recomposant, en reconstituant ce qui est effectivement dans l'œuvre, mais pas immédiatement perceptible. Pour arriver à ce niveau de lecture, il est obligé d'utiliser son imaginaire, d'emprunter des perspectives autres et plus riches que si je lui présentais un (auto) portrait dit « classique ». Là, le tableau lui donne tout en même temps, c'est-à-dire tous les niveaux de la vie. Ce qui m'intéresse : faire un portrait du vivant.

H.-F. D. Depuis de nombreuses années, on entend, ou on lit, que la représentation est finie, bouchée. Or, il se trouve que la connaissance, les outils et donc la méthode ont aujourd'hui changé. Que vous apportent la géométrie fractale et le numérique ?

J.-C. M. La géométrie fractale dispose d'un potentiel immense, elle me paraît la plus ouverte. Conjuguée au numérique, elle permet de mixer un réel, une nature (je préfère le mot nature à celui de réel), et de faire en sorte que les réseaux, les pixels, les touches de couleurs soient des composantes du sujet, du vivant, de l'œuvre. Le but étant, je le répète, d'ouvrir de nouvelles perspectives et de regarder le monde d'une manière non finie, non définitivement définie et de redonner des possibilités de composition et recomposition, donc de vie.

H.-F. D. En sorte, redonner au spectateur et à l'individu son autonomie, sa liberté, son rêve.

J.-C. M. Ce qui est la fonction même de l'œuvre d'art.

H.-F. D. Et c'est sans doute là que « l'identité » – en tant que matrice première, sorte de référence, de nécessité universelle – est pour vous l'outil idéal pour montrer le vivant dans toutes ses formes, dimensions et évolutions. Ainsi entre le début et la fin de notre dialogue, nous ne serons plus les mêmes. Du temps aura passé, de multiples informations auront été échangées qui auront modifié nos sensations, nos pensées, nos corps, nos cellules mêmes, certaines seront mortes, d'autres seront nées… La connaissance que chacun a de lui-même et de l'autre se sera modifiée. Alors, non seulement complexité du vivant, mais aussi instabilité, mouvement, transformation.

J.-C. M. Ce qu'on appelle communément le chaos – et c'est bien ce chaos qui m'intéresse –, c'est à partir de lui que commencent ma réflexion et mon travail, à partir de lui que j'élabore toutes mes constructions d'images. Il ne s'agit pas pour moi d'organiser ce chaos mais de donner à voir son organisation ; le chaos est organisé en chaos, c'est-à-dire en métamorphoses infinies, en vivant.

Dialogue I – Extrait du livre *Meynard Fractal*, Éd. Fragments, 2004.

Dialogue II

Vous avez dit méta ?

Henri-François Debailleux – Jean-Claude Meynard

Henri-François Debailleux

En philosophie, dans les sciences humaines, en logique, « méta » a le sens d'« au-delà ». En géométrie, « méta » désigne une géométrie plus générale que la géométrie euclidienne. Et vous, quel sens donnez-vous au terme « méta » dans votre travail ?

Jean-Claude Meynard

J'utilise « méta » pour parler du corps... aussi bien le corps humain (anatomie) que le corps architecture (habitat), que le corps urbain (la ville), que le corps social (la société), dans le sens d'« au-delà de » l'apparence immédiate. Mais je l'utilise également dans son autre acceptation, à savoir, mutation et métamorphose. « Méta » me permet donc d'évoquer le double objet de mon travail : montrer au-delà des apparences immobiles la métamorphose incessante.

H.-F. D.

Hier, lors de notre dernière conversation sur l'Identité, vous partiez d'une matrice : le portrait. Là, c'est à partir du corps dans tous ses états et dans toutes ses dimensions, toujours structuré par la géométrie fractale, que vous élaborez ces compositions qui envahissent l'espace sous forme de proliférations, où chaque élément engendre le suivant et tisse un parcours aléatoire. Tous ces tracés, chemins, routes, bifurcations, croisements constituent une arborescence que l'on retrouve aussi bien dans la nature (d'où vient son nom) que dans la culture (mémoire, histoire) et la technologie (le net).

J.-C. M.

En fait, je représente dans l'espace, une arborescence qui constitue elle-même un corps, un corps en mouvement. En choisissant telle ou telle bifurcation, le corps crée ou dessine sa propre forme par l'itinéraire qu'il emprunte. Cette composition en arborescence complexe rappelle l'idée de l'évolution de toute chose et du corps en particulier, c'est-à-dire d'une trajectoire qui, à partir d'un tronc, d'une matrice, va s'initialiser en réseaux, de façon chaotique, et proliférer.

H.-F. D.

Avec cette composition du corps en arborescence, on retrouve donc la même liberté visuelle que celle que l'on avait dans *Identité*, liberté qui nous permet, selon notre propre volonté, de reconstituer la forme que l'on veut ou que l'on peut voir.

J.-C. M.

C'est effectivement la même idée de choix et de liberté qui guide le cheminement. Celui-ci se fait alors par pure fantaisie. On peut jouer là encore avec toutes les échelles et promener son regard de façon totalement aléatoire. Pour suivre le développement de la forme dans l'espace et son mouvement, le spectateur adoptera une vision labyrinthique avec la liberté que cela suppose. Dans cette configuration, on va où l'on veut et l'on ne se trompe jamais : on peut passer par un point C ou Z pour aller de A à B, sans règle. Il n'y a pas de plus court chemin, il n'y a pas de ligne droite, il n'y a pas d'erreur puisqu'il n'y a pas une vérité, une solution, mais de multiples possibles. On est libre de son chemin visuel et en le parcourant, on crée son propre labyrinthe et donc sa propre figure. C'est exactement comme si l'on effectuait des zigzags, des allers-retours en laissant traîner un fil : au bout d'un certain temps on s'apercevrait qu'avec ce fil, on a composé des réseaux et une figure dont la forme nous est propre. Le fil ne sert plus à retrouver son chemin, mais à dessiner, à créer un chemin : une nouvelle définition du fil d'Ariane.

H.-F. D.

C'est un « dédale » que vous proposez avec ses réseaux de circulation qui prendront sens sous les regards différents et uniques de chaque spectateur.

J.-C. M.

Ce dédale est un modèle architectural, mais à propos de mon travail on peut parler aussi de coupes anatomiques dévoilant des architectures évolutives, vivantes.

H.-F. D.

À propos de cette idée d'architecture vivante, on peut prendre comme exemple un immeuble qui au premier regard est perçu comme un tout, alors qu'il est composé d'appartements bien distincts occupés par des individualités qui, bien que vivant en même temps, à la même adresse, dans un même ensemble, ne vivent pas la même chose et demeurent indépendantes, même si elles utilisent des réseaux communs (conduites d'eau, de gaz, d'électricité...) Leurs circulations internes à l'immeuble restent autonomes et leurs relations aux autres particulières. Cela fait penser, en coupe, à l'immeuble dans *Playtime* de Jacques Tati où l'on voit tous les habitants, à tous les étages, s'activer en même temps.

J.-C. M.

Avec ce regard extérieur, on peut parfaitement percevoir l'interdépendance entre le corps humain et le corps de l'immeuble, les deux étant animés par des circulations, des flux comparables.

H.-F. D.

En passant du portrait et de l'autoportrait au corps, vous gardez en fait la même structure mais en changeant d'échelle, en augmentant la notion d'identité, en élargissant l'idée de l'être...

J.-C. M.

Si l'on prend le mot augmentation, il faut le lire comme une augmentation de l'espace. Avec *Identité*, j'évoquais l'intériorité, là, j'aborde l'extériorité. J'augmente le volume pour passer de l'intérieur à l'extérieur. Et j'insiste sur ce terme de rapport puisqu'il s'agit là du corps, de son déplacement, de son cheminement. Que se passe-t-il lorsqu'un corps se déplace dans l'espace ? Qui bouge ? Le corps ? L'espace ? Est-ce le corps qui bouge l'espace ? Et dans ce cas, que devient l'espace ? Quand un corps avance, il pousse l'espace, c'est-à-dire des particules, et cet espace se redistribue. Peut-être passe-t-il derrière, comme une vague ? Quoi qu'il en soit, si on reconnaît le corps, c'est bien par sa masse, son volume par rapport à un espace. En fait, le corps définit l'espace et l'espace définit le corps.

H.-F. D.

Cela signifie que dans ce rapport mouvant d'échanges, les deux appartiennent au même univers. En effet, lorsque dans une rue on observe la circulation des flux de piétons ou de voitures, on s'aperçoit qu'ils forment des vagues, des colonnes, des files. On est face à un ensemble qui bouge, une entité mouvante, et dont on peut suivre les arrêts, les redémarrages, comment tout cela se redistribue et se reforme. Quant aux individualités qui, avec leur cheminement propre, composent cette foule, elles peuvent aussi se disperser et donc déconstruire l'ensemble pour le reconstruire ensuite.

J.-C. M.

En décalant le point de vue, on passe donc de l'image de cette masse à l'image de l'individu et *vice-versa*. Le changement d'échelle est là, dans ce passage d'un espace individuel à un espace social. On sort de l'intimité, du monde intérieur, imaginaire, pour se fondre dans le collectif, l'architecture extérieure.

H.-F. D.

Par « méta », vous désignez donc ce glissement d'un corps à l'autre et cette interaction constante entre l'un et le tout, qui passent nécessairement par des changements de dimensions, d'espace et par des perceptions différentes…

J.-C. M.

Oui, sans oublier en plus toutes les perturbations et incidents qui peuvent advenir et engendrer de multiples conséquences, phénomène connu sous le nom « d'effet papillon » ou comment un battement d'ailes du lépidoptère au Brésil peut déclencher une tempête au Japon.

H.-F. D.

Bénin au départ, l'événement (au sens du mot latin « *evenit* » : il arrive quelque chose) crée d'un seul coup une distorsion énorme aux effets exponentiels dans l'espace et le temps. On pourrait aussi donner l'exemple des dominos (réaction en chaîne), du château de cartes ou de la rencontre inopinée de deux grains de sable identiques qui bloquent tout le sablier, arrêtent le mouvement, le temps, la vie.

J.-C. M.

C'est exactement cela que je cherche à montrer, comment des circonstances particulières appelées « hasard », l'aléatoire inhérent au vivant, peuvent modifier la forme d'un tout, par un système de conséquences infinies. « Méta », c'est cet au-delà du corps, ce dépassement de l'être singulier qui entre en connexion avec un ensemble tout en gardant son identité, au sein même d'une construction, d'une architecture plus vaste.

Dialogue II – Extrait du livre *Meynard Fractal*, Éd. Fragments, 2004.

Dialogue III

Les Corps recomposés

Henri-François Debailleux – Jean-Claude Meynard

Jean-Claude Meynard

Ce qui m'importe, c'est la notion de genèse, autrement dit la façon dont les choses se forment. Toute formation, organisation, implique un changement de disposition, de combinaison, un passage d'un état à un autre, à l'exemple de la cristallisation, passage d'un état liquide ou gazeux à un état solide, en l'occurrence d'une matière informe et même invisible à une matière formée, structurée, visible.

Henri-François Debailleux

En observant un cube de cristal de neige ou de glace on comprend très bien ce glissement de l'état liquide à l'état solide. À partir de là, la construction d'un igloo, d'un corps ou de toute autre forme devient possible.

Dans votre série de 2005 « Les Corps recomposés » vous montrez non seulement la cristallisation mais aussi le stade suivant, le possible d'une figure. Particulièrement avec les œuvres titrées *Ecce Homo*, où l'on peut voir simultanément le potentiel d'une construction et les éléments constitutifs de cette construction.

J.-C. M. Dans « Les Corps recomposés » les éléments sont présents mais disposés sans organisation visible. Le spectateur est face à ce qui apparaît, dans l'instant de la construction, face à ce passage mouvant entre le non-construit et le début du visible. Il n'y a pas de repères, de début, ni de fin. Chaque composition augmente le chaos qui lui-même enrichit un nouvel ordre. On est dans un système logique d'enroulement permanent, où la figure se développe sans fin, telle une spirale.

H.-F. D. Ces « Corps recomposés » s'inscrivent tout simplement dans une logique, certes non classique, non euclidienne mais purement fractale. Une logique qui confronte à un désordre. Ce chaos – comme nouvel ordre initial – nous conduit à son tour vers un nouvel ordre. Tout ordre est provisoire. Votre propos est de toujours jouer avec un état d'apparence, de formes et de figures, pour s'y noyer puisque tout se dilue sans cesse dans l'espace. En effet, plus on s'approche d'une forme perpétuellement inachevée – même si celle-ci, de manière illusoire, peut paraître finie –, plus elle nous échappe.

J.-C. M. Dans les « Corps recomposés » l'ensemble intitulé : *Narcisses – Plongeurs – Nageurs*, en est un parfait exemple. J'ai intégré des miroirs dans chaque œuvre pour capter l'apparence de celui qui la regarde. Le tableau étant en construction, à composer, visuellement instable, le spectateur se trouve à son tour intégré, par l'effet miroir, dans un univers rendu chaotique par les structures mêmes, en l'occurrence l'emboîtement et l'empilage des différents fragments et miroirs qui le composent. Sa propre image, un instant très proche et ressemblante, se brise en autant d'éclats que de miroirs qui la reflètent pour finir par lui échapper.

H.-F. D. C'est exactement le mythe de Narcisse qui, voyant son image dans l'eau, se penche sur elle jusqu'à la toucher, la brouille par l'effet des ondes et se noie dans son image disparue. Autrement dit, c'est l'illusion du contact avec ce que l'on reconnaît, ce que l'on croit défini, solide. Dans les premiers chapitres, l'image était brouillée par la prolifération, la complexité, ici la perturbation de l'image vient d'un changement de nature, d'état. Avec *Ecce Homo*, comment traduisez-vous cette différence sur un plan plastique ?

J.-C. M. Dans cette série, les œuvres sont réalisées à la façon d'un jeu de Lego, comme des mosaïques. Tous les éléments, évidemment autosimilaires, comme une mémoire de la forme, s'imbriquent et s'emboîtent les uns aux autres selon le principe mâle-femelle, négatif-positif. Ils emplissent l'espace suivant une disposition qui repose sur les vides et les pleins. Ils s'attirent par symétrie et se cristallisent pour reconstruire une forme qui a été ordonnée et se présente désormais de façon incomplète et désordonnée. Une figure à reconstruire à partir de ces bris éparpillés où le spectateur est lui-même inclus par les effets miroirs de son image perturbée. Celle-ci, sous forme de fragments, participe à cet ensemble en devenir.

H.-F. D. Vous incluez ainsi le spectateur dans la construction comme dans la déconstruction, dans l'apparition comme dans la disparition du modèle. En l'intégrant, il participe au vivant de l'œuvre et en devient un des acteurs, sinon l'auteur. Il construit ce qu'il est, aussi bien psychologiquement que physiquement et son miroir n'en reflète que le résultat comme l'ont expliqué bon nombre de philosophies. De fait, vous augmentez encore le champ en intégrant dans l'œuvre, de façon réelle, le portrait, le corps de l'autre, en l'occurrence du spectateur.

J.-C. M. Exactement, et en l'intégrant, j'introduis dans mon travail le principe du clone. Le clone, le même qui rappelle que dans le phénomène du vivant, nous sommes tous similaires. Comme dans la cristallisation, l'élaboration d'une forme, son développement se font par le clonage d'un élément originel, une matrice. Dans les œuvres de cette série, l'auteur, le sujet et le spectateur se confondent pour ne devenir qu'un. L'important est l'itinéraire emprunté en toute liberté par chacun pour reconstituer la forme ébauchée, la silhouette humaine récurrente dans mon travail. La singularité de chacun tient au rythme, au temps nécessaire à recomposer la figure reflétant sa propre image, son double.

H.-F. D. La différence se situe donc uniquement dans la lecture, dans le trajet suivi par le regard du spectateur, son histoire propre, puisque au final, le résultat est le même pour tout le monde. En effet, si visuellement, nous ne sommes pas totalement identiques, nous sommes tous pareils avec deux bras, deux jambes, une tête… Nous avons besoin de codes – un nom, un numéro de sécurité sociale – pour nous différencier et nous identifier. Pourtant, il a toujours été dit qu'il n'y avait jamais deux formes identiques dans la nature…

J.-C. M. La singularité se limite à un temps défini. Mais dans l'absolu, les particularités ne sont qu'apparences et ne proviennent que d'une disposition singulière à un moment donné, par rapport à un ensemble qui se réplique immuablement dans le temps (voir la figure en spirale de l'ADN). Le modèle du vivant est le même. Si l'on prend l'homme comme modèle de forme, mais aussi comme modèle de reproduction, mémoire de la forme, il reproduit de l'humain sa propre forme : le vivant reproduit du vivant. La réplique, la reproduction de l'image ou de la vie fonctionne toujours selon le même principe, à l'identique.

Dialogue III – Extrait du livre *Meynard Fractal*, Éd. Fragments, 2004.

La matrice de Babel
de Jean-Claude Meynard

par Lubica Gorcsosova (1)

La Matrice de Babel, 2007.

Entre la science et l'art, vers une nouvelle mythologie du monde

Matrice

En hiver 2013, deux autobus de la commune de Valbonne transportent, outre les passagers habituels, une gigantesque silhouette fantomatique représentant l'homme qui se redresse et dont l'image semble se multiplier en grandissant jusqu'à l'infini.

Il s'agit de l'installation de l'artiste Jean-Claude Meynard achevant ainsi en mouvement son cycle des « Babel », qui décline en formes, matériaux et couleurs un seul et unique motif (celui même qui est visible sur les deux bus) *La Matrice de Babel* conçue en 2007 d'abord sous la forme d'une simple lithographie en noir et blanc.

La série est présentée entre 2007 et 2013 lors des expositions en Italie, Chine, Turquie et en France. À ce jour quatre *Babel* sont installées sur le pourtour méditerranéen.

Mythe de Babel

L'artiste s'empare du mythe biblique pour l'inverser, puis l'insérer dans sa propre vision du monde.

La Babel légendaire exprime la discordance et la désunion des hommes par les langues. Celle de Jean-Claude Meynard est un « symbole de concorde et de réconciliation », que figurent les silhouettes humaines de la matrice, qui forment une chaîne de solidarité, se soutenant mutuellement pour grandir. L'homme devient l'élément d'un langage unique, englobant ainsi la complexité de l'univers dont il fait partie.

Ce concept est propre au mouvement artistique fractaliste que Jean-Claude Meynard rejoint à partir de 1994. Avec Susan Condé (écrivain), Henri-François Debailleux (journaliste), Christine Buci-Glucksmann (philosophe), Edward Berko et neuf autres artistes, il signe en 1997 le Manifeste fractaliste, et s'engage ainsi à abandonner « la rationalité euclidienne au profit de processus imprévus et non programmés ».

Selon ce groupe, seules les dimensions fractales conviennent pour décrire la complexité du monde tel qu'il se présente aujourd'hui (nouvelles technologies, mondialisation, création de réseaux, effet papillon).

La Babel de Meynard doit donc être considérée comme un objet fractal, un système autosimilaire se reproduisant à toutes les échelles, et la matrice comme son algorithme. L'artiste applique ainsi sciemment dans son œuvre la forme et le fond de ce domaine des sciences mathématiques.

Une telle pénétration des principes de la géométrie fractale dans l'art est rendue possible en grande partie grâce au mathématicien franco-américain, Benoît B. Mandelbrot (1924-2010) – « père » des fractales, que Jean-Claude Meynard rencontre par ailleurs personnellement à plusieurs reprises.

Monstres et fées

La personnalité de Mandelbrot relève aujourd'hui d'un mythe, un mythe mathématique.

Dans le monde paisible des mathématiciens sévissaient des monstres effrayants sans nom. Surgissant à l'improviste de l'univers des hommes, trop compliqués, ils refusaient de s'adapter aux lois élégantes de la géométrie euclidienne. C'est alors qu'un polytechnicien français se met à les observer essayant de mieux les connaître, puis leur offre un nom : « fractale » (néol. du lat. « *fractus* » ; brisé, irrégulier ; utilisé pour la première fois en 1974). Non seulement il réussit à les apprivoiser, mais les transforme en bonnes fées d'une beauté inouïe, avant de les renvoyer dans le monde des hommes.

Mandelbrot est le fondateur incontestable de cette nouvelle branche de mathématiques, même s'il n'est évidemment pas le seul héros de l'histoire ; beaucoup de scientifiques ont participé à l'étude des fractales (citons au moins Gaston Maurice Julia dont l'ensemble est le plus connu du grand public).

En plus, il participe activement à la vulgarisation de son travail (en décousant ainsi avec l'élitisme scientifique) et à la quête de nouveaux champs d'application pour les fractales. Ces derniers sont nombreux, de l'astronomie, par la géologie (étude du relief, structures de roches, avalanche), la paléontologie (loi de puissance des apparitions et extinctions d'espèces), la médecine (structure des poumons, battements du cœur), la météorologie (nuages, banquise, vagues scélérates, turbulences, structure de la foudre), la volcanologie (prévision d'éruptions volcaniques, tremblements de terre), les sciences humaines (structure urbaine, évolution démographique), l'informatique (compression d'images), jusqu'à l'économie et les variations du marché de la bourse, sans oublier le domaine des arts. Et cette liste est loin d'être exhaustive !

Mais c'est le côté esthétique qui séduit le plus en dehors des cercles de spécialistes. Grâce aux nouveaux outils informatiques les algorithmes fractals dévoilent leur beauté vertigineuse.

Cet aspect artistique du travail de Benoît B. Mandelbrot renoue avec l'approche scientifique de Jean-Claude Meynard. Le mathématicien s'interroge sur la phrase « au commencement était le verbe », qui devrait peut-être devenir « au commencement était l'image » ; l'artiste déclare : « Si la connaissance est scientifique, alors il faut proposer l'art comme un mathématicien. »

L'osmose entre la science et l'art, ne pourrait-elle pas constituer le langage universel du savoir ?

Chaos et complexité

Les deux hommes nous offrent, chacun à sa façon, une vision enthousiaste du progrès.

Face à un monde qui tourne à toute allure, saturé d'informations, subissant de nombreux effets pervers des avancées technologiques, nous pouvons nous sentir désorientés, ne trouvant plus le point auquel s'accrocher pour résister à sa force centrifuge. De centre, selon la philosophie fractaliste, il n'y en a point.

Par contre, Jean-Claude Meynard nous propose une boussole – *World*, et à travers la *Matrice de Babel* replace l'homme dans l'univers. Il se sert des mythes pour véhiculer le message de l'espoir, l'espoir en l'humanité sur le chemin de la connaissance.

Trop utopiste peut-être… Mais serait-ce vraiment inconcevable de croire aujourd'hui que le monde ne va pas si mal ?

Cnam, juin 2014

Notes :

1. Lubica Gorcsosova, chef de projet culturel à caractère scientifique et technique au Cnam (Centre national des arts et métiers), Paris. Elle s'intéresse particulièrement à l'interdisciplinarité en tant qu'outil pédagogique ainsi qu'aux passerelles entre les arts et les sciences.

Le turbulent et le statique

Par Susan Condé

Avec Jean-Claude Meynard, les peintures sont des images de labyrinthes autosimilaires, linéaires, indifférentes à l'échelle. L'artiste se concentre sur une sorte d'autosimilarité perfectionnée, précise et calculée, telle que nous pourrions la rencontrer dans un cristal.

Meynard cherche à explorer la topographie complexe de la fracturation car celle-ci permet, d'après lui, une nouvelle lecture de l'image. La lecture fractale d'une œuvre donne au spectateur la possibilité de confronter les images entre elles à différentes échelles, chacune de celle-ci correspondant à un niveau distinct de la réalité, l'image pouvant se répliquer à l'infini.

Entre puzzle et labyrinthe, les images de Meynard se métamorphosent, rendant ainsi impossible toute lecture univoque du travail. Elles marquent leur affinité avec les dimensions intermédiaires qui existent. À la fois topographiques et formelles, ses œuvres sont des métaphores de l'état mental de l'artiste confronté à lui-même. Elles sont des représentations de la fractalité de l'esprit avec sa capacité à se fissurer, se briser et se déformer avant de se reformer dans un nouvel état.

Le travail de Meynard reflète l'idée de l'individu comme dynamique hermétique, celui-ci étant dépeint comme une continuité dans tous les états, le turbulent et le statique, l'état humain où l'extase et le désespoir coexistent et permutent entre eux.

Extrait de *La Fractalité dans l'art contemporain*,
Paris, Éd. La Différence, 2001.

La volonté du regard

Par Jean-Claude Chirollet

Dans l'œuvre de Jean-Claude Meynard, toute tentative de construction morphographique dépend de la volonté du regard qui peut y découvrir des formes humaines virtuelles.

La discontinuité « moléculaire » des pièces du puzzle tend toujours à briser l'appréhension visuelle globale de la figure, à la dissoudre en une multitude de fragments autonomes.

Le concept d'autosimilarité à toute échelle d'observation s'y affirme avec force au service d'une prise de conscience contradictoire. Celle-ci relève de l'esprit dialogique, de l'omniprésence de l'ordre géométrique d'une part, et d'autre part, de la chaotisation plastique engendrée par les multiples chemins labyrinthiques qui parcourent l'œuvre en tous sens.

Les espaces morcelés de la peinture fractale de Jean-Claude Meynard induisent à la fois une forme de déréalisation du sujet percevant, incapable de s'imposer vraiment en tant que moteur de projection univoque du sens, autant qu'une « virtualisation » indéfinie du « sujet » global instable, précaire, constitutif du contenu figuratif possible de la représentation.

La prolifération fragmentaire néantise toute conscience de totalité, mais celle-ci s'affirme par réaction, comme une exigence idéale d'autant plus vive de synthèse perceptive et de quête du sens.

Extrait de *Art fractaliste – La complexité du regard*,
Paris, Éditions L'Harmattan, 2005 (réactualisation augmentée
du livre de même titre publié en 1999 chez 00h00.com).

Chorégraphies fractales

Par Lydia Harambourg

Deux lieux à Évreux, le musée et la Maison des Arts, se répondent pour mettre en scène l'œuvre de Jean-Claude Meynard. Le regard est piégé, l'imaginaire aussi qui entreprend une exploration visuelle et spatiale nouvelle grâce à une scénographie ludique.

Jean-Claude Meynard interroge la géométrie fractale depuis plusieurs années. Il n'est pas nécessaire de connaître les données scientifiques d'une théorie physico-mathématique née des recherches effectuées par le mathématicien Benoît Mandelbrot, dès les années 1960, et publiées en 1975 dans son livre *Les Objets fractals*, pour entrer dans le monde illusoire et bien réel cependant de l'artiste.

Il s'y réfère cependant et revendique une pensée, elle aussi mise en forme avec le Manifeste fractaliste publié en 1997 (*Art Press* n° 229) cosigné par des artistes membres du groupe fractaliste accompagné d'un texte d'Henri-François Debailleux.

Voilà pour l'histoire.

L'aventure menée par Jean-Claude Meynard ne laisse pas de poursuivre ses investigations poétiques révélées par la mise en espace de cette double exposition.

Une œuvre proliférante, née du chaos d'où part toute création. Nous-mêmes sommes invités à suivre ce chemin labyrinthique à partir d'une proposition plastique initiale. Tout part de la série « Puzzle » de 1993, suivie par celle d'« Ecce Homo » de 1995. La Genèse est ici prise comme métaphore d'un monde en devenir, en constant changement où joue l'alternative du vide et du plein, du visible et de ce qui se crée.

Les éléments construits interviennent dans une composition bientôt soumise au jeu virtuel du numérique. Sous la pression d'une fragmentation géométrique, les images entreprennent un jeu linéaire vertigineux. Plis et spirales, flux linéaires, droites et diagonales, enroulements déclinent des figures dans une chorégraphie qui creuse le support, le dilate, renvoie à l'extérieur un champ dans lequel nous entrons. Ces figures provoquent une géométrie qui aurait grisé Vinci. Des dessins, matrices études/temps des œuvres, rythment l'accrochage.

L'espace-temps est celui du rêve, de l'imaginaire. Théâtralisés, l'espace formel et l'espace réel se conjuguent. Nous sommes happés par ces visions qui nous font circuler à l'intérieur des formes et des structures. Nous nous déplaçons dans l'espace du tableau en relisant notre propre espace. Les effets d'optique convoquent la couleur, déclinée à son tour.

Toutes les illusions perpétrées par la peinture sont ici mises en abîme, sans la renier, au contraire. Une interrogation surgit de celle des certitudes. L'ensemble *Plongeurs*, *Nageurs* de 1997 met en action l'idée de miroir. La perspective est à son tour prise en otage comme sur *Identité* et *Méta* de 2005.

Le corps se prête à toutes les variations fractales et finit dans une arborescence qui est une pure poésie. Les mathématiques ont rejoint un imaginaire poétique qui perpétue une fascination tant visuelle que mentale. À nous de trouver l'itinéraire du rêve.

Gazette de l'Hôtel Drouot – mai 2005
Texte pour l'exposition « Meynard Fractal »
Musée et Maison des Arts, Évreux.

Suite fractale

Entrer dans l'univers fractal de Jean-Claude Meynard piège nos certitudes.

Laissons les données scientifiques d'une théorie physico-mathématique, nées des recherches du mathématicien Benoît Mandelbrot, pour s'abandonner aux images mobiles, illusoires, et cependant bien réelles, des composantes géométriques orchestrées par un artiste de la couleur et de la lumière doublé d'un poète.

Les œuvres de Meynard séduisent par leur force persuasive de nous faire vivre l'espace physiquement.

Sous la pression d'une fragmentation géométrique, une chorégraphie virtuelle, dans laquelle plis, spirales, droites, diagonales et courbes creusent le support, l'emporte dans un mouvement giratoire dont l'issue est la théâtralisation d'un double espace, formel et réel achoppant sur l'espace-temps. Les visions se démultiplient, s'enchaînent en nous entraînant à leur suite. Les effets d'optique sont communs aux images forgées par les rêves. L'exposition s'inscrit à la suite de la manifestation qui s'est tenue, au musée d'Évreux et la Maison des Arts d'Évreux.

Gazette de *l'Hôtel Drouot* – mars 2006
Texte pour l'exposition « Suite fractale »
Espace Kiron, Paris.

La géométrie des énigmes

L'œuvre de Jean-Claude Meynard a évolué de l'hyperréalisme à la géométrie fractale.

Avec une centaine d'œuvres datées de 1970 à aujourd'hui, l'exposition propose un parcours original. La proximité d'œuvres réalisées à plusieurs années d'intervalle met en résonance une démarche plastique enracinée dans la complexité du réel et la difficulté à le représenter.

Ses premières peintures hyperréalistes (1974-1976) revendiquent l'illusionnisme : *Brasserie* ou *Gare* relèvent de la narration et de l'image peinte avec un goût des détails en phase avec la dénonciation de la société de consommation. Dans cet univers impeccable, la place de l'être humain semble déplacée. Elle revient en force à la fin des années 1970 chez Meynard qui s'interroge sur la réintégration de sa présence et son impact sur notre perception.

Cette « Géométrie des énigmes » (1976-1980) ne cesse de brouiller les pistes du lisible. L'énigme du reflet, du flou, du dédoublement ou encore de la dérive formelle entraîne la rupture avec le récit. Tout devient de plus en plus improbable et la figure humaine insaisissable engendre une « Géographie des corps » (1980-1992). La séparation de la couleur et du tracé lève une vision passagère, précaire.

La silhouette n'a plus que des allures fuyantes que seules retiennent les touches dans un espace flottant.

La « dimension fractale de l'homme » s'articule à partir de réseaux linéaires et d'architectures en prolifération. Ces investigations infinies s'enracinent dans un champ poétique dont Meynard explore tous les arcanes. Le premier est offert par la série « Puzzle » de 1993. L'année suivante, il fonde le groupe fractal avec Jean-Paul Agosti et Carlos Ginzburg.

Le principe de la fragmentation géométrique élit comme matrice un élément qui se dissémine à des échelles différentes jusqu'à parvenir à un tout. Le réel se prête au jeu virtuel du numérique. L'espace-temps se confond avec le rêve et l'imaginaire.

En 2006, Meynard adapte le mythe de Babel. Sa tour dessine des silhouettes humaines en mouvement, des marcheurs qui semblent être les signes d'une écriture ayant supplanté les langues, aussi diverses que les graphies arborescentes qui submergent la surface de la toile. Les calculs mathématiques se fondent dans une pure poésie. L'artiste nous ouvre des pistes pour nous faire vivre à notre tour un rêve éblouissant.

Gazette de l'Hôtel Drouot – octobre 2010
Texte pour l'exposition « Babel, la géométrie des énigmes »
Villa Tamaris, La Seyne-sur-Mer.

Papagayo
2017

Impression numérique sous plexiglas – 120 x 90 cm

Le bestiaire fractal de J.-C. Meynard[1]

En regardant, en philosophant…

Par Giancarlo Pagliasso

Les œuvres appartenant au « Bestiaire fractal » de Jean-Claude Meynard ont été présentées dans de nombreuses expositions en Italie, France et Chine, et dans des cadres différents, galeries, musées, et foires d'art contemporain. (1)

L'histoire et la topographie de ces différents lieux culturels ont été prises en compte pour la présentation, la mise en scène du Bestiaire, l'artiste considérant que les conditions dans lesquelles sont exposées ses œuvres en déterminent aussi la signification et la finalité.

J.-C. Meynard a tiré son inspiration de deux sources fondamentales qui lui ont servi de support pour l'élaboration formelle des différents animaux qui composent son Bestiaire : la tradition littéraire et le patrimoine iconographique occidental.

Les références littéraires appartiennent dans une large mesure aux domaines de la mythologie, de la poésie, de la philosophie, de la religion et de la science.

Quant aux icônes utilisées, elles couvrent une période englobant le Classicisme, la Renaissance et l'époque Moderne.

Dans sa tentative pour répertorier les processus métamorphiques liés à l'imaginaire animalier (en tant que double de l'homme) dans le monde classique (principalement dans le monde romain), l'artiste a traité en second lieu les aspects symboliques de la transformation et du travestissement qui représentent dans une large mesure le règne animal tel qu'il évolue au sein de la nature.

---

[1] Le titre et quelques éléments de ce texte, dont l'original est en italien, ont été changés par J.-.C Meynard avec l'autorisation de l'auteur.

Ce domaine n'a jamais été transcendé sous quelque forme que ce soit chez les auteurs classiques, pas même en tant que projection du divin sur l'autel du sacrifice où l'animal sert d'intermédiaire.

Dans les œuvres en prose, comme dans la poésie, on retrouve la même présence physique dénuée de transcendances symboliques (notamment chez Apulée, Ovide et Virgile) autres que celles d'une rhétorique prudente reposant principalement sur la comparaison et l'analogie.

L'œuvre *Partition Libellule* relève de ce procédé stylistique. En effet, J.-C. Meynard présente son animal-libellule sous la forme d'une partition musicale dont le mouvement, le rythme, est figuré par des myriades d'individus en forme de battements d'ailes, donnant ainsi naissance à la figure quasi statique d'une libellule unique dont le corps présente le profil humanoïde d'une silhouette qui naît et décline.

Dans cette composition, l'utilisation de l'espace semble reprendre la métrique, la dynamique sonore, utilisée par Virgile dans *Le Livre IV des Géorgiques* pour décrire les activités assidues et changeantes des abeilles, notamment comment leurs trajectoires aériennes et leurs vitesses d'exécution varient en fonction des tâches spécifiques qui leur sont assignées. (2)

Sur la surface de quatre panneaux dont les trois premiers reprennent les premières mesures de la partition de *La Libellule* de Camille Saint-Saëns, le quatrième figurant le thème de l'œuvre, Meynard a représenté des nuées d'insectes éparpillées sur une partition imaginaire en phase avec le rythme de la versification du poème de Virgile de façon à ce que l'apparition des nuées corresponde à celles des accents toniques présents dans chaque vers.

L'artiste reprendra ce procédé dans son œuvre *Partition Papageno* où il montre un espace morcelé sur lequel des figures hybrides de perroquets méta-humains sont disposées de manière à correspondre avec les notes du pentagramme qui illustre le célèbre aria *Ein Mädchen oder Weibchen wünscht Papageno sich* du final du second acte de la *Flûte enchantée* de Mozart.

Dans ces deux créations, l'artiste a appliqué le procédé synecdotique exprimant la partie pour le tout, à la base de l'arborescence de croissance fractale, à l'aspect synesthétique/métaphorique relatif à la sémantique de la transformation.

À noter que, concernant la quasi-animalité du *Papageno* de Mozart, celle-ci est symbolisée, sous forme allégorique, par la musique (lorsque le personnage chante seul, Mozart recourt au lied viennois ou à des airs d'opéra-bouffe) ou par le plumage de sa tenue qui rappelle la tradition comique populaire viennoise de l'*Hanswurst del Kasperl*, que Meynard a justement illustrée en anthropomorphisant le plumage de ses perroquets.

Mais cette quasi-animalité est également suggérée, de manière plus subtile, par le scintillement des touches dorées présentes sur la surface du tableau – qui rappellent les feuilles de palmier qui ornent les vêtements des prêtres de Sarastro durant le rite d'initiation de Tamino et de Papageno.

(Ne pas oublier que les mêmes objets sont portés par les prêtres d'Isis, qui recommandent de manger des roses, conseil suivi par Lucio – le personnage des *Métamorphoses* d'Apulée – pour redevenir un homme après sa transformation en âne.)

Les rites d'initiation constituent une distinction implicite entre l'humain et les animaux, et tandis que Tamino choisit de s'initier à la sagesse et à la connaissance (de même, Lucio privilégie l'esprit en devenant humain), Papageno reste quelque peu ambigu quant à son engagement spirituel, préférant la compagnie plus prosaïque et charnelle d'une femme.

Par ailleurs, tandis que *Les Métamorphoses* d'Apulée et *La Flûte enchantée* de Mozart sont des compositions hybrides où le mélange des genres joue le rôle d'un véritable activateur de la structure (3), Meynard utilise des algorithmes qui exploitent la capacité des fractales à créer des figures homothétiques à transformation, agrandissement, et inverse, rétrécissement.

Il semble démontrer ainsi qu'il souhaite suivre un processus créatif quelque peu homéomorphique, similaire aux auteurs auxquels il se réfère.

Concernant les œuvres *La Roue du paon* et *Arborescence du cerf*, l'artiste s'appuie principalement sur la tradition iconographique de la patristique et de la scolastique (citons notamment les réflexions sur les animaux aux accents encyclopédistes, proposées par Isidore de Séville et Albert le Grand).

Dans cet horizon culturel, la figure animale abandonne sa férocité emblématique pour souligner l'oscillation entre métaphore et métonymie par laquelle sont cryptées les significations des entités (le Christ, l'Église, le fidèle), désormais compréhensibles uniquement par le biais d'une interprétation propre au dogme de la religion chrétienne.

L'abondance des symboles caractéristiques des bestiaires médiévaux permet de définir une liste presque exhaustive des vertus et des vices humains (notamment par le biais de figures d'animaux fantastiques) et d'élaborer ainsi un vocabulaire visuel et prégnant en mesure d'orienter le croyant vers la voie orthodoxe du salut.

Dans *La Roue du paon*, J.-C. Meynard superpose les images inversées en positif et en négatif de l'oiseau, symbole de la résurrection (pour les païens, il représentait l'immortalité) et de l'accès à la vie éternelle à travers les sacrements, et il déploie sa magnifique queue (obtenue à l'aide de la perspective centrale d'une figure humaine vue de dos vers laquelle convergent des bandes parallèles de la même figure présentées sous forme séquentielle).

Les bandes et la perspective centrale rappellent intuitivement les mosaïques de Ravenne, en particulier Sant'Apollinare Nuovo ; le « double » paon fait immédiatement penser à la conque absidale de Saint-Vital.

La figure supérieure, dont les tons bleus tendent vers une pureté achromatique, semble faire allusion au paon blanc et à sa symbolique christique. Rappelons que dans l'espace central de l'abside de la basilique de Ravenne deux paons sont présents dans le jardin céleste situé sous le groupe du Christ, avec des anges et l'évêque de Ravenne, Ecclesio.

À cet égard, la scène doit être lue de façon chronologique : le paon de droite observe une colombe sans plume tandis que le paon de gauche la chasse. L'allégorie dessine la distance qui sépare l'âme purifiée par la grâce du baptême de celle qui n'est pas encore baptisée.

Cependant, *La Roue du paon* de J.-C. Meynard pourrait figurer, à travers sa symétrie en miroir et son opposition chromatique, un ange qui tourne le dos de manière narcissique pour échapper aux tentatives d'interprétation qui permettraient de définir son genre et son comportement…

On retrouve cette ambiguïté herméneutique dans un autre animal du Bestiaire de l'artiste : *L'Arborescence du cerf*, dans la mesure où la tête de l'animal est construite avec des silhouettes humaines en ascension tandis que les cornes de l'animal se projettent vers l'avant en morcelant cette effigie mi-homme/mi-animal, en fragments positifs/négatifs de dimension croissante.

D'un point de vue religieux, l'image du cerf rappelle immédiatement l'icône de la mosaïque di Galla Placidia, dans laquelle la vitalité végétative de l'animal évoque la régénération spirituelle à laquelle l'âme peut prétendre lorsqu'elle s'abreuve à la source de la parole divine.

La symbolique de la régénération vitale se situe sur le plan organique et biologique (comme dans le mythe de Cyparisse où l'arborescence du cyprès rappelle métonymiquement la ramification de la corne du cerf que Cyparisse a tué), mais cette régénération peut être également comparée au concept métamorphique du vivant.

Dans quatre œuvres : *Tortue Yi Jing*, *Orang-Outan, homme de la forêt*, *Mémoire d'éléphant* et *Pégase*, J.-C. Meynard renvoie à la sagesse du *Yi Jing* (4), manuel chinois qui décline le thème du changement, de la mutation, à travers la pratique divinatoire et des observations à la fois mathématiques et philosophiques. Mais l'artiste prend soin de croiser ce livre des « mutations » avec la culture de la Renaissance et de l'époque Baroque où se profile déjà la modernité. Durant la Renaissance et le Baroque, la figure de l'animal faisait encore partie des représentations symboliques chrétiennes, mais commençait à exister au-delà de ce système de valeurs qui lui avait été attribué.

Albrecht Dürer, dans sa représentation du rhinocéros, introduit la notion d'observation qui préfigure l'intérêt pour le détail et la morphologie de l'animal par une approche précise de sa structure. Cette démarche témoigne déjà d'une volonté de synthétiser l'étrangeté et le caractère exotique des espèces animales. Toutefois, cette attitude prive l'animal de ses composantes qualitatives (pour Descartes, les bêtes sont dénuées d'esprit) et en souligne uniquement l'aspect dynamique, mécanique.

La carapace de la *Tortue* de Meynard est composée de carrés obtenus en reliant les extrémités d'une multitude de silhouettes humaines (semblables à celles que l'on retrouve dans le *Nid d'abeilles*), qui semblent en vol stationnaire au-dessus de la carapace comme une formation de parachutistes en chute libre.

La structure réticulée des écailles de la carapace rappelle les 64 hexagrammes qui forment le *Yi Jing* (composés de traits pleins et de traits brisés, qui représentent les principes opposés du *Yang* et du *Yin*, les deux polarités qui sous-tendent le monde).

À l'origine, l'oracle chinois consistait à jeter une carapace de tortue dans le feu, puis à lire les prédictions en observant les traits continus et discontinus qui apparaissaient dans les fractures résultant de la rupture des os surchauffés. La transformation du tissu organique guidait l'interprétation.

Au-delà de la signification de ce système ésotérique, l'artiste fait sans doute référence à Leibniz et à la numération binaire, que le philosophe fut en mesure de concevoir en étudiant le *Yi Jin.* (La notation binaire constitue la base de la logique booléenne dont les développements successifs dans le domaine des télécommunications et de la commutation des informations ont donné naissance à l'ordinateur.)

Avec *L'Orang-Outan, homme de la forêt*, Meynard a réinterprété la figure de *L'Homme de Vitruve* de Léonard de Vinci. Il a modelé le corps de l'orang-outan à partir de carrés et de rectangles qui laissent apparaître de manière fractale une silhouette humaine en pleine ascension, certainement sur l'échelle de l'évolution.

Le primate meynardien, compris idéalement dans un carré, a les bras et les jambes écartés et prend (singe ?) la position de l'homme de Vinci qui, lui, se tient dans un cercle.

Pour Léonard de Vinci, les proportions du carré et du cercle renvoient à la relation statique et contingente de l'homme avec la nature et au rapport « divin » entre l'homme et la connaissance, symbolisant ainsi l'évolution humaine comme l'animation de la matière à travers l'art et la science. J.-C. Meynard semble en revanche suggérer que l'animal suit un parcours de croissance selon une arborescence purement génétique sans référence aucune à la transcendance. En fait, l'orang-outan meynardien évolue à l'intérieur de sa propre finitude.

L'œuvre *Mémoire d'éléphant* est fondée sur la même tonalité symbolique. L'élément qualitatif de la mémoire, l'un des attributs distinctifs de l'éléphant, est représenté dans cette œuvre par l'architecture même du visage de l'artiste.

En effet *Mémoire d'éléphant* est basée sur la prolifération fractale de l'architecture du visage de J.-C. Meynard, ce qui suggère que les caractéristiques protéiformes de l'animal (tête, trompe et défenses) tirent leur substance et leur essence des traits caractéristiques de l'humain.

Il semblerait donc que l'éléphant se souvienne de l'homme...

À travers cette œuvre, l'artiste propose une métaphore sur les capacités cognitives comparées de l'animal et de l'homme.

Qui comprend quoi ? Et qui se souvient de qui ?

Pégase semble également s'inscrire dans ce champ d'investigation lié à la psychologie animale (au-delà de la référence évidente à la mythologie et au calendrier chinois, qui exalte les vertus dynamiques du cheval). En effet, à l'instar de la *Tortue Yi Jing* et du *Nid d'abeilles*, le corps de *Pégase* est créé par l'assemblage de silhouettes anthropomorphes, cette fois-ci disposées sous forme d'éventails. L'effet créé par les volutes de l'éventail, semblables à des plumes, semble se référer simultanément à l'Hippogriffe (et à l'univers littéraire fabuleux de l'Arioste) et à sa relation avec Roland, puisque, comme destrier d'Astolphe, il vole sur la Lune et permet au héros de recouvrer la raison et la mémoire. Dans cette perspective, le quadrupède ailé est, à la fois, métaphore et cause de la transformation du Roland « furieux » en être rationnel.

Si l'on trace une histoire de l'animal, il faut rappeler que c'est sous l'égide de la raison que « l'Illuminisme » a commencé à définir le statut « juridique » des animaux, tandis que leur reconnaissance « scientifique » (ce en quoi ils s'apparentent à l'homme) était codifiée à travers des classifications allant de Linné à Darwin. Mais la problématique éthique du droit des animaux se heurte à une contradiction liée au fait que les animaux sont « sacrifiés » pour servir de nourriture à l'homme (5). Cependant l'aspect comestible des mammifères (animaux d'élevage) doit être à son tour rééquilibré par le fait de la dangerosité des espèces sauvages, capables à leur tour de manger l'homme, *a priori*, le dominant, le souverain de la création.

Autour de cette souveraineté se profilent la loi et l'interdit, la justice et le droit, comme l'a souligné Derrida lors de ses séminaires sur *La Bête et le Souverain* (6). Mais Derrida a également souligné la capacité de l'animal à partager (dans le sens ontologique) un monde en tenant compte de la présence de l'homme, vivant ainsi, comme l'homme, l'expérience de la finitude. Expérience qui, pour certains, notamment Heidegger, semblerait ne pas correspondre au niveau de conscience « logique » de la bête.

Pour conclure, l'œuvre du Bestiaire, qui exprime le mieux ce foisonnement de réflexions et d'interrogations, est certainement *La Féline*, pour laquelle l'artiste a repris une de ses anciennes pratiques picturales : le puzzle.

En effet, dans les années quatre-vingt-dix, Meynard utilisa la composition en puzzle pour certaines de ses représentations fractales de l'homme au sein de la complexité du réel ; notamment, il créa des œuvres-puzzles sur le thème du Scribe, œuvres regroupées sous l'intitulé générique de « Scribes et pharaons » (7).

Cependant, dans les œuvres-puzzles de cette époque, le corps du rédacteur royal était une métaphore (8) tandis que dans l'œuvre de 2015, *La Féline*, l'image de ce même scribe est utilisée, par fragmentation, par apposition, comme un élément de puzzle, pour représenter la tête et les yeux de l'animal.

La Féline est ainsi composée par l'image de scribe, une image du pouvoir, de la loi et de l'écriture.

Voilà donc la « félinité » qui vingt ans plus tard redonne vie à la figure masculine du scribe ; ainsi l'artiste nous dévoile-t-il, à travers cette figuration, la totalité de son exercice de métamorphose : homme-animal-femme-homme.

Pour Meynard, non seulement le vivant abolit les signes distinctifs et identitaires de l'homme et de l'animal, mais aussi il se joue des espèces et des sexes.

Homme, animal, femme, homme, autant de signes décidés, convenus par l'homme que viennent bousculer les infinies métamorphoses de J.-C. Meynard.

Notes :

1. Expositions du Bestiaire fractal : Italie, Andora, Palais Tagliaferro ; France, Paris, Galerie Dumonteil, salon du PAD ; Chine, Hong Kong, Art Central ; Chine, Pékin, Art Bejing ; Chine, Shanghai, Dumonteil Gallery.

2. Par contre, dans son œuvre *Nid d'Abeilles*, Meynard crée l'image d'une tête d'abeille, qui est en même temps une ruche, en utilisant la silhouette d'un homme « de Vitruve » transformé/déformé et transposé sur une échelle différente afin d'évoquer une sensation de paix industrieuse rendue possible par des relations de coopération entre êtres vivants.

3. Apulée traite le sujet sous forme épique, biographique, mythologique, satirique et de fable, tandis que Mozart compose en associant la sonate, le Lied viennois, le choral luthérien, l'aria italien et le récitatif accompagné.

4. Le *Yi Jing* (orthographié aussi *Yi King* ou *Yi-King*) est un manuel chinois dont le titre est couramment traduit par *Classique des changements* ou *Traité canonique des mutations.*

5. Condition largement soulignée par Peter Singer dans *Libération animale* (tr. it. Milano, Net, 2003).

6. Jacques Derrida, *La Bête et le Souverain*, vol. I-II, tr. it. Milano, Jaca Book, 2009, 2010.

7. « Scribes et pharaons » appartient à la grande série « Les Corps recomposés ».

8. Une métaphore de la « fractalité de l'esprit » dans ses composantes topographiques et formelles comme l'a relatée Susan Condé dans son ouvrage : *La Fractalité dans l'art contemporain*, Paris, Éd. La Différence, 2001.

Notices biographiques

GÉRARD BARRIÈRE

Gérard Barrière disait : « Mon souci : demeurer un émerveillé. Mon ambition : devenir un émerveilleur, veilleur et éveilleur. »

Voyageur par le corps, par l'esprit, et par l'âme qui fut brûlante, Gérard Barrière est inclassable : il fut professeur, maître spirituel, critique d'art, penseur, écrivain, poète. Il fit des dessins, remplit des carnets de croquis, découvrit les fractales, s'en inspira, recréa des mandalas, et pour résumer, paraphrasant le mot de Mallarmé sur Rimbaud, il fut un passant considérable.

Il a travaillé à *Artension*, *Beaux-Arts*, la *Revue des deux mondes*, *Connaissance des arts*, *La Nouvelle Revue française*, *New Art*, etc., et a écrit de nombreux livres en collaboration avec des artistes.

GILLES BASTIANELLI

Commissaire d'exposition, biographe et réalisateur de films-documents sur des artistes choisis.

Trois rencontres marquent son parcours, la première dans les années 1980 avec Jean-Claude Meynard qui l'initie à l'art de la géométrie fractale et sur lequel il a réalisé de nombreux films. La deuxième avec Claude Bellegarde, au début des années 2000, dont il est devenu le biographe : *Claude Bellegarde, la couleur vécue* (Éditions Somogy, 2006). Puis le peintre russe Edik Steinberg, en 2006, pour lequel il a écrit une importante monographie, *Edik Steinberg Paris – Taroussa*, parue en 2015 avec une préface de Dominique Fernandez (Éditions Place des Victoires).

En 2017, il a réalisé le film : *Edik Steinberg, lettre à Malevitch* ; ce film est aussi un document de référence sur l'œuvre de Malevitch (d'où le titre du film).

En 2018, la Métagéométrie d'Edik Steinberg a été sélectionnée dans le cadre de l'Année franco-russe des langues et des littératures ; à cette occasion, Gilles Bastianelli est invité par l'Alliance française de Russie à présenter la monographie d'Edik Steinberg à travers toute la Russie (Irkoutsk, Vladivostok, Moscou…).

ÉVELYNE BIAUSSER

Après des études de lettres et de philosophie qui la conduisent vers l'enseignement, Évelyne Biausser quitte l'Éducation nationale pour se tourner vers le journalisme et la formation pour adultes.

En 1991, elle découvre la pensée du philosophe Edgar Morin et y adhère avec une conviction passionnée. Elle participe à des colloques nationaux et internationaux, publie des textes sur la pensée complexe et ses applications et collabore de plus en plus avec Edgar Morin.

Pour cette épistémologue, l'art sera le moyen essentiel de ressourcement, et après l'écriture et la poésie, elle va dans les années 2000 s'investir dans une nouvelle forme d'expression : la photographie.

Son dernier livre s'intitule *La Construction systémique des connaissances* (Éditions européennes universitaires, 2018).

ROBERT BONACCORSI

Après s'être consacré à la recherche sur la littérature de grande diffusion, notamment comme rédacteur en chef des *Cahiers pour la littérature populaire* de 1983 à 2003, il a assuré la direction artistique du Festival de Jazz du Fort Napoléon (La Seyne-sur-Mer, Var, France) de 1985 à 2014, et du label CELP musique. Il a également organisé de multiples initiatives sur et autour de la musique improvisée.

En tant que directeur du centre d'art de la Villa Tamaris (de 1995 à 2017) il a mis en œuvre des cycles d'expositions sur le renouvellement de la peinture du milieu du XXe siècle à nos jours.

Aujourd'hui il est commissaire d'exposition. Il est l'auteur et le directeur éditorial de nombreux ouvrages, monographies et catalogues sur l'art contemporain.

NICOLAS BOURRIAUD

Nicolas Bourriaud commence sa carrière de critique d'art au milieu des années 1980 avec des contributions régulières pour les magazines *New Art International*, *Artstudio*, *Opus International*, *Art Press* et *Beaux-Arts Magazine*.

En 1992, Il fonde la revue *Documents sur l'art*, en 1995, la revue *Perpendiculaire et en* 2008, la revue *Stream*.

À la fin des années 1990, il publie une série d'ouvrages théoriques dont *Formes de vie*, *Une généalogie de la modernité*, *Esthétique de la Modernité*, traduits en plusieurs langues.

De 2000 à 2006, il codirige avec Jérôme Sans le nouveau Palais de Tokyo à Paris, puis en 2007, il est nommé à la Tate Britain au poste de *Gulbenkian curator for contemporary art*, responsable de la « Tate Triennial ».

En janvier 2010, il revient à Paris en tant que chef de l'inspection de la création artistique au ministère de la Culture. D'octobre 2011 à juillet 2015, il dirige l'École nationale supérieure des Beaux-Arts à Paris. En novembre 2015, nommé chef de projet du futur centre d'art contemporain de Montpellier Métropole, il devient en 2017 directeur général de Montpellier Contemporain (MoCo).

CHRISTINE BUCI-GLUCKSMANN

Christine Buci-Glucksmann est une philosophe française, spécialiste de philosophie politique et d'esthétique. Elle est professeur émérite de l'université Paris-VIII.

Ses premiers travaux remontent aux années 1970 et portent notamment sur Friedrich Engels et Antonio Gramsci. Par la suite, elle s'intéresse à la philosophie esthétique, en particulier à l'œuvre de Walter Benjamin de même qu'à l'art et à la littérature baroque : *La Raison baroque*, 1984 ; *La Folie du voir*, 1986. Ces recherches la conduisent à postuler un lien entre baroque et postmodernisme où est perceptible la double influence de Gilles Deleuze et de Jean-François Lyotard…

À son intérêt pour la peinture s'ajoute celui pour le cinéma. Elle consacre un ouvrage au réalisateur Raoul Ruiz qu'elle envisage dans la perspective de l'esthétique baroque.

Sa réflexion et ses écrits sont imprégnés de ses voyages : *L'Œil cartographique de l'art*, 1996 (la carte du monde comme modèle artistique d'une esthétique ouverte sur l'infini) car cette philosophe nomade parcourt le monde, de l'Amérique du Sud à l'Orient extrême.

Ses séjours au Japon (1) ont influé durablement sur son œuvre philosophique et ses choix esthétiques.

Notes :

1. La carte du monde comme modèle artistique d'une esthétique ouverte sur l'infini.

2. Le Japon a publié ses livres sur l'esthétique baroque.

ANDRÉ CAMPANA

En 1970, jeune journaliste, il participe, sous l'autorité de Pierre Desgraupes, à la création de l'émission de télévision : *À armes égales*. Il animera par la suite de grands débats télévisés, puis participera avec, entre autres, Ivan Levai et Christine Ockrent, à la création de l'émission *Vendredi sur FR3*, visant à « donner la parole aux Français », à l'antenne, avec quelques interruptions, de 1976 à 1985.

En 1981, il s'associe au journaliste Jean-Charles Eleb pour créer différentes agences de médiation et plusieurs télévisions locales dont TV8 Mont-Blanc. En 1985, ils fondent Lucie, l'agence de médiation et d'expression citoyenne.

Également réalisateur, André Campana a produit ou réalisé plus de 150 documentaires dont : *Le Prix de la vie* en 1971 (Lion d'argent au prix Futura de Berlin) ; *Le Combat des Klarsfeld, première approche de la complicité française dans le crime nazi* réalisé avec Gloria Campana, sa femme (France 2, 1998) ; *La Corse, île des Justes ?*, coauteur avec Clémentine Campana (France 5, 2013).

Tout au long de sa vie, il a été un grand collectionneur d'objets et d'œuvres d'art emblématiques de la société du XXe siècle.

PHILIPPE CARTERON

Il fut journaliste et critique d'art au *Nouvel Observateur*.

THIERRY CATTAN

Professeur de philosophie et d'esthétique, membre fondateur de l'université populaire d'Évreux.

JEAN-CLAUDE CHIROLLET

Jean-Claude Chirollet, philosophe spécialisé en esthétique et philosophie de l'art, est maître de conférences émérite de l'université de Strasbourg. Son intérêt pour le fractal, dès le début des années 1980, est double ; il concerne d'une part, la géométrie fractale et la théorie du chaos (en lien avec la mathématique non standard), et d'autre part, les applications artistiques et les rapports esthétiques que les arts de toute nature (peinture, arts numériques, sculpture, poésie, musique, etc.) entretiennent avec la théorie des fractales et du chaos, initiée par Benoît Mandelbrot. Il a publié divers articles sur ces thèmes, ainsi que deux ouvrages qui ont fait date en France dans la théorie esthétique des fractales : *Art fractaliste – La complexité du regard*, Paris, Éditions L'Harmattan, 2005 (réactualisation augmentée du livre de même titre publié en 1999 chez 00h00.com) ; *La Question du détail et l'Art fractal*, Paris, Éditions L'Harmattan, 2011. Son blog : www.jean-claude-chirollet.fr est riche en documentations et analyses sur le Fractal.

COLLOQUE DE MOUANS-SARTOUX

Créé en 1991 par le docteur Paul Charbit, le Colloque de Mouans-Sartoux (Alpes-Maritimes, France) réunit chaque année, en septembre, des personnalités éminentes du monde de la science, de la pensée et des arts pour débattre et partager leurs connaissances et expériences autour d'un thème choisi.

« Chaque année, en septembre, au Colloque de Mouans-Sartoux, pendant quelques jours, les bruits du monde s'estompent et l'on vit dans un autre monde, celui du savoir… Pendant quelques jours, des philosophes, des scientifiques, des poètes, des écrivains, des cinéastes, des peintres viennent de partout pour une réunion de famille d'esprits et pour partager leurs connaissances… Et pendant ces quelques jours, Paul Charbit, à qui nous devons ces rencontres, invente le même miracle : il abolit le temps. »

D'après un texte de Jean-Michel Folon (2000).

Un film, *Portraits de septembre*, retrace, en trois parties, les rencontres du colloque (1991-2017).

SUSAN CONDÉ

Susan Condé est écrivain et critique d'art. En 1989, elle quitte New York pour Paris où elle va jouer un rôle de catalyseur dans le mouvement des Fractalistes. Elle va cosigner, avec Henri-François Debailleux, le Manifeste fractaliste (1997) et organiser plusieurs expositions d'art fractal, à commencer par une exposition en 1991 pour l'Institut national des sciences appliquées à Lyon (France). Elle a publié en 1993 : *Fractalis, la complexité dans l'art*, et en 2001, *La Fractalité dans l'art contemporain* (Éd. La Différence).

PIERRE CORCOS

Il fut directeur pédagogique à l'ICART, école du management de la culture et du marché de l'art. Il publie aujourd'hui de nombreux articles sur l'art dans Visuelimage.com.

HENRI-FRANÇOIS DEBAILLEUX

Journaliste, critique d'art, historien d'art, préfacier et commissaire d'expositions. Il a fait ses débuts comme critique d'art au journal « Libération », puis a collaboré à de nombreuses revues d'art, *Beaux-Arts Magazine*, *New Art International*, *Art Press*, et aujourd'hui au *Journal des Arts*.

Il a été rédacteur en chef des FIAC magazine.

Il a participé, avec Susan Condé, au mouvement des Fractalistes et cosigné le Manifeste fractaliste de 1997. Il a été le commissaire des premières expositions fractales en France et à l'étranger.

Il est l'auteur de nombreuses préfaces de catalogues et de livres sur des artistes contemporains dont *Meynard Fractal* (Éd. Fragments International).

Parmi ses derniers commissariats, en 2017, l'artiste coréen Lee Ufan, au château de Versailles ; en 2018, Lee Bae à la Fondation Maeght à Saint-Paul-de-Vence, France.

NATHALIE DARZAC

Formée à Paris-IV Sorbonne et à l'École du Louvre, Nathalie Darzac, après avoir été directrice de la communication à l'Institut de France, est depuis 2012 directrice de la communication à l'École nationale des chartes.

PIERRE DUMONTEIL

Pierre et Dothi Dumonteil ouvrent leur galerie parisienne en 1982 et font découvrir les grands sculpteurs figuratifs des XIXe et XXe siècles, particulièrement les sculpteurs animaliers comme Bugatti, Diego Giacometti, Guyot, Jouve, Pompon et Artus ; et aujourd'hui, les animaliers contemporains (Daviau, Fiori, Bintz) à côté des peintures de Helmut Koller et Katsuyki Suzuki.

Avec l'ouverture de deux autres galeries (New York et Shanghai) et la collaboration de Roxane et Dorian Dumonteil, une grande diversification s'est fait jour par l'exposition de créateurs comme Clément Borderie, Cat Loray, Ruben Fuentes, Éric Pillot, Jean-Claude Meynard, Wang Keping, Yu Niisky.

LYDIA HARAMBOURG

Critique d'art et historienne de l'art, elle écrit essentiellement sur la peinture des XIXe et XXe siècles, particulièrement sur la seconde École de Paris. Depuis 1998, elle tient la chronique hebdomadaire des expositions dans *La Gazette de l'Hôtel Drouot*. Elle est membre correspondant de l'Académie des beaux-arts de l'Institut de France dans la section peinture.

ALAIN LAMAIGNÈRE

Avec Michel Saint-Germain, il ouvre sa première galerie dans le Marais, à Paris, en 1984. À la fin des années 1980, il crée le salon « Découvertes » au Grand Palais, puis dirige durant quelques années la foire d'art contemporain de Strasbourg.

En 1999, il crée « Art Paris », foire consacrée à l'art moderne et contemporain, avec Caroline Clough-Lacoste, rejoint ensuite par Henri Jobbe-Duval, créateur de la FIAC avec Jean-Pierre Jouët.

En 2000, il lance Smart pour le design. Il a été également le directeur artistique du Salon de Montrouge de 2005 à 2008.

JEAN-PIERRE LAVIGNES

J.-P. Lavignes a ouvert sa première galerie, « La Passerelle Saint-Louis », à Paris dans l'île Saint-Louis en 1973, puis la galerie s'est déplacée rue Saint-Louis-en-l'Île sous le nom de Galerie Jean-Pierre Lavignes.

À ses débuts, J.-P. Lavignes a défendu la « figuration narrative », des années soixante-dix et « l'hyperréalisme » avec l'artiste français Jean-Claude Meynard et les artistes américains comme Ralph Going, Richard Estes, John Kacere…

En 1985, la galerie se déplace à nouveau pour un très grand local à la Bastille, sous le nom de Galerie Lavignes Bastille.

Quelques mois plus tard, Andy Warhol crée spécialement pour J.-P. Lavignes la série des « 10 statues de la Liberté » qu'il présentera en mai 1986, première et unique exposition personnelle de Warhol dans une galerie parisienne.

Parallèlement au fait de s'être intéressé dans les années soixante-dix aux artistes émergents comme Yoo Sun Tai, J.-C. Meynard, Rolf Lukaschewski… il a exposé des artistes tels Mimmo Rotella, Yvaral, Wolf Vostell, du mouvement *Fluxus*, et Carlos Cruz Diez, représentant de l'art cinétique et optique.

GIOVANNI LISTA

Giovanni Lista, historien de l'art, critique d'art et essayiste, a reçu de très nombreux prix pour ses essais sur le théâtre, les arts, le cinéma et la biographie littéraire.

Il fonde en 1988 la revue *Ligeia* qui entend revaloriser le rôle du critique et de l'historien d'art.

Sa contribution critique est particulièrement importante pour l'analyse du mouvement artistique « Le Futurisme ».

En 1976, il publie la première biographie de Filippo Tommaso Marinetti et commence l'analyse des idées politiques du fondateur du futurisme.

Dans les années quatre-vingt, après avoir organisé à Paris l'exposition « Futurisme, abstraction et modernité », il publie le catalogue général de l'œuvre de Giacomo Balla dont il va proposer plus tard une grande rétrospective (Milan, 2008).

En 1984, il organise l'exposition « Le Livre futuriste » à l'Institut culturel italien de Paris et, un an plus tard, il publie *Le Futurisme*, livre de synthèse dans lequel il propose un nouveau classement historiographique (« le dynamisme plastique » des années 1910, « l'art mécanique » des années 1920, « l'aéro-esthétique » des années 1930).

En 1997, il publie le livre *Le Futurisme, création et avant-garde*, considérant le futurisme comme la plus haute manifestation d'un *Kunstwollen* identitaire qui traverse et nourrit l'art moderne italien depuis l'accomplissement de l'unité nationale du pays.

C'est à Milan en 2009 qu'il organise la rétrospective célébrant le centenaire de la fondation du mouvement futuriste.

Plus récemment, il a publié plusieurs essais. En 2012, un essai sur Enrico Prampolini, artiste qui joua un rôle majeur dans « l'aéropeinture » futuriste ; un autre en 2013 sur *L'Homme de Vitruve* de Léonard de Vinci et la réinterprétation de ce modèle exemplaire de la figure humaine, et un essai, *Futurismo e fotografia*, en 2015.

LÉLIA MORDOCH

Lélia Mordoch ouvre sa première galerie à Paris, quartier Saint-Germain-des-Prés, en 1989. De l'art abstrait dans les premières années, elle élargit son champ artistique en présentant les œuvres des artistes du GRAV (Garcia Rossi, Le Parc, Morellet, Sobrino, Stein et Yvaral).

En 2009, elle ouvre une seconde galerie à Miami.

De l'art géométrique, à l'art numérique, au *street art*, et à l'art fractal, Lélia Mordoch est une des représentantes majeures des courants innovants de l'art du XXIe siècle.

GIANCARLO PAGLIASSO

Spécialiste en esthétique, scénographe, artiste et écrivain, il a fondé en 1976 le GRM (Groupe de recherches matérialistiques) et a été directeur du « Studio 16/e », espace d'art à Turin.

De 1985 à 1996, il fut théoricien et artiste de « l'Arte Debole ». En 1997, il a été directeur de la galerie d'art turinoise Figure et directeur de rédaction de la revue *Iride* (2002-2004). Il a publié de nombreux textes sur l'art : *La Retorica dell'arte contemporanea* (Udine, Campanotto, 2011) ; *Il deficit estetico nell'arte contemporanea* (Cercenasco, Marco Valerio, 2015) ; *Fotografia 2* (Udine, Campanotto, 2015) ; *Julian Beck – Diari 1948-1957* (Udine, Campanotto, 2008) ; *Julian Beck – In the Name of Painting* (Pordenone, 2009).

Il a collaboré dans différents journaux et revues. Depuis 2005, il écrit régulièrement dans la revue *Zota* (Campanotto Editore, Udine).

GILLES PLAZY

Écrivain et plasticien, Gilles Plazy a débuté comme journaliste dans divers journaux et magazines : *Combat*, « Le Monde », *Les Nouvelles littéraires*, *Le Film français*, *Cimaise*...

Il a publié depuis 1970 une cinquantaine d'ouvrages parmi lesquels des poèmes, des romans, des nouvelles et des essais ; la poésie, son obsession permanente, l'a mené à un travail de la langue en rupture avec l'ordre rhétorique. Son premier ouvrage est *Ciel renversé* (Éd. La Sirène étoilée, 2014).

Venu à la peinture à trente ans et à la photographie à cinquante, il a participé à des expositions de groupe et montré son travail dans des expositions personnelles (Galerie de Varenne, Paris, 1978 ; Galerie d'art international, Paris, 1987 ; Galerie Claude Samuel, Paris, 2007).

Gilles Plazy est aussi éditeur à l'enseigne de La Sirène étoilée, cellule d'édition basée en Cornouaille, France.

ÉLISABETH PRÉAULT

En 1974, Élisabeth Préault fonde et dirige la librairie L'Abécédaire à Paris, librairie pédagogique et de littérature pour la jeunesse, puis crée « Les Ateliers de l'Abécédaire ».

De 1980 à 1989, professeur de français au lycée des Petits-Champs à Paris, elle organise l'exposition « L'Art vivant au lycée » (1985), un lycée entier consacré à la peinture contemporaine pendant un mois avec les artistes : J.-M. Alberola, Moris Gontard, Gérard Guyomard, Gérard Le Cloarec, J.-C. Meynard, Jacques Monory, Jacques Poli, Jean Renault.

Depuis 1990, elle a publié les romans : *Julius Terman, portrait vers 1992* (Éd. Balland, 1992) et *Les Visages pâles* (Éd. Gallimard, 1999). Aujourd'hui, elle participe à l'écriture de scénarios et de préfaces.

STEVEN RIFF

Après trois années de formation à la galerie Jean-Pierre Lavignes, Steven Riff ouvre sa première galerie à Strasbourg en mai 2008.

Il ouvre un second espace à Paris, satellite de son activité alsacienne, dans le quartier de Beaubourg dès septembre 2009.

En 2012, il décide de s'installer en Turquie où il est actif depuis plusieurs années. Il y ouvre la première galerie d'Istanbul uniquement dédiée à la présentation d'artistes internationaux.

Il réalise plus d'une dizaine d'expositions qui feront date avec des artistes de renom : Jean-Marc Bustamante, Jean-Claude Meynard, Daniel Schlier, Frank Stella, Bernar Venet…

Depuis 2016, Steven Riff vit en Italie, à Bologne, où il continue son activité de conseiller en art et, en association avec Marie Munhoven, il travaille à des projets d'éditions d'œuvres faisant le pont entre art et artisanat.

Le titre de ce livre, *L'Animal fractal que je suis*, a surgi, comme une évidence, au cours d'une conversation avec le critique d'art, Gian-Carlo Pagliasso, conversation qui portait sur Jacques Derrida et son livre *L'Animal que donc je suis.*

Table des matières